GOIN, éditeur, rue des Écoles, 82, PARIS.

CULTURE
DE LA VIGNE
EN PLEIN CHAMP
SANS ÉCHALAS NI ATTACHES
SUIVIE D'UNE
NOTE SUR LA BRANCHE A FRUIT DU POIRIER ET DU POMMIER

Par **TROUILLET** (Éloi)

Professeur d'arboriculture et de viticulture,
Lauréat, Membre titulaire du Comité d'Agriculture et Correspondant de l'Académie nationale de Paris,
Membre correspondant et titulaire de plusieurs Sociétés horticoles,
Président d'honneur de plusieurs sections d'arboriculture et de viticulture vosgiennes, etc., etc.

Rien, en fait de végétation, sans un bon système radiculaire en rapport avec le système aérien.

—

3e ÉDITION
Revue & augmentée

—

MONTREUIL-AUX-PÊCHES
(SEINE)
CHEZ L'AUTEUR, RUE CUVE-DU-FOUR, 75

PARIS
LIBRAIRIE CENTRALE D'AGRICULTURE ET DE JARDINAGE
RUE DES ÉCOLES, 82, PRÈS LE MUSÉE DE CLUNY
(*Au coin du boulevard Sébastopol, rive gauche*)
— Auguste **GOIN**, éditeur —

Anciennement QUAI DES GRANDS-AUGUSTINS, 41.

CULTURE
DE LA VIGNE

EN PLEIN CHAMP

SANS ÉCHALAS NI ATTACHES

Evreux, A. Hérissey, imp. — 962.

CULTURE
DE LA VIGNE

EN PLEIN CHAMP

SANS ÉCHALAS NI ATTACHES

SUIVIE D'UNE

NOTE SUR LA BRANCHE A FRUIT DU POIRIER ET DU POMMIER

Par **TROUILLET** (Éloi)

Professeur d'arboriculture et de viticulture,
Lauréat, Membre titulaire du Comité d'Agriculture et Correspondant de l'Académie nationale de Paris,
Membre correspondant et titulaire de plusieurs Sociétés horticoles,
Président d'honneur de plusieurs sections d'arboriculture et de viticulture vosgiennes, etc., etc.

Rien, en fait de végétation, sans un bon système radiculaire en rapport avec le système aérien.

—

2e ÉDITION

Revue & augmentée

—

MONTREUIL-AUX-PÊCHES
(SEINE)
CHEZ L'AUTEUR, RUE CUVE-DU-FOUR, 75

PARIS
LIBRAIRIE CENTRALE D'AGRICULTURE ET DE JARDINAGE
RUE DES ÉCOLES, 82, PRÈS LE MUSÉE DE CLUNY
(Au coin du boulevard Sébastopol, rive gauche)
— Auguste **GOIN**, éditeur —

—

1862

AVIS IMPORTANT

AVANT-PROPOS

La culture de la vigne grandit chaque jour en importance; il est vrai de dire qu'aujourd'hui chaque propriétaire dirige ou observe lui-même les travaux de ce végétal qui, autrefois, étaient laissés aux mains de vignerons plus ou moins capables.

Lorsque, en mars 1856, je publiai la première édition de mon ouvrage sur la *Culture raisonnée de la Vigne*, je fus attaqué par la critique; je répondis par des faits, et aujourd'hui ma méthode a gagné assez de terrain pour que chacun veuille en essayer, et déjà les résultats obtenus dans la majeure partie de nos départements me sont un sûr garant que ses progrès ne s'arrêteront pas.

Cependant, aujourd'hui, des hommes de théorie, plus exercés au maniement de la plume qu'à celui de la serpette, après être venus chez moi faire de l'opposition contre la plantation peu profonde, contre le principe indispensable de bonne conformation de la partie inférieure du plant de vigne, etc., etc., en sont arrivés à publier les mêmes procédés de plantation qu'ils déclaraient autrefois radicalement mauvais. Seulement, ne pouvant, ou, mieux, ne voulant pas paraître me donner raison, ils ont proscrit la crossette pour recommander le chapon ou bouture simple. Leur peu d'études pratiques ne leur a même pas appris quel est l'endroit où l'on doit de préférence prendre sur le sarment le plant chapon, afin d'avoir un diaphragme plus fort et la certitude de plus de racines.

Malgré les avantages que l'on a voulu faire ressortir des plants chapons, je n'en soutiens pas moins que rien n'est tel que les plants en crossettes; et quiconque voudra obtenir un plant vigoureux, de longue durée, donnant beaucoup et de bons produits, n'obtiendra ce résultat que par les plants en crossettes.

Aujourd'hui comme en 1856 (1re édition; 1859, 2e), je dirai : « Réduire les dépenses de la culture de la vigne, en abréger et en simplifier le travail tout en augmentant ses produits, tels sont les problèmes dont j'ai cherché la solution... » Une pratique de quatorze années et les résultats obtenus par les personnes qui ont suivi mes conseils, dont plusieurs rapports ont été faits au ministre de l'agriculture et à l'Académie des sciences, rapports que l'on trouvera plus loin, me permettent de considérer ces problèmes comme résolus.

Si j'ai vu mes travaux couronnés d'un grand succès, j'en dois d'autant mieux augurer pour l'avenir, que la jalousie n'a pas manqué de faire cause commune avec la routine; de plus, l'envie de se faire un nom et de mieux dire que moi a poussé certains écrivains à s'emparer en partie de mes idées, surtout en matière de plantation, et à les enseigner plus ou moins correctement, sans même citer mon nom. Il est vrai que, pour paraître encore diverger d'opinion avec moi, ils ont attaqué, dans les mêmes écrits, ma méthode de rupture (pincement); mais lorsqu'à ma méthode on ne peut opposer que des procédés pratiques barbares, comme j'en ai trouvé dans plusieurs vignobles, entre autres l'avortement, en 1855, de tous les yeux destinés à produire la vendange de 1856, on a beau réussir à accaparer les honneurs et les places, je suis sans crainte sur le triomphe définitif de la vérité. Un jour le public sera forcément détrompé : il saura choisir entre le praticien qui écrit ce qu'il fait et l'écrivain qui forme sa pratique dans le cabinet.

Aujourd'hui, comme en 1856 et en 1859, je prie les propriétaires et les vignerons de bien examiner les ceps qui poussent mal, et donnent de chétifs produits et une végétation dégénérée! Ils reconnaîtront sans peine que la mauvaise conformation des plants, les onglets, les chicots de bois mort, résultant de tailles mal faites, en sont toujours la cause. Ainsi, plus que jamais, je demande un tronc unique et une tige soignée dès le début de sa formation, afin de pouvoir se passer, par la suite, d'échalas et d'attaches. Un cep bien traité doit avoir, après la taille en sec, la forme à peu près régulière d'un arbre nain en gobelet. (*Voir figure 10, page 56.*)

Toutes les vignes vieilles ou jeunes, faites ou à faire, peuvent être amenées à cette forme et y être maintenues; mais, pour procéder avec ordre dans cet exposé, je supposerai la vigne à planter, en suivant une autre marche encore plus terre à terre, si je puis m'exprimer ainsi, que dans mes deux précédentes éditions, comprenant mieux que jamais que je n'écris pas une œuvre littéraire, et qu'un traité de culture doit avant tout être clair et précis.

Copie de l'attestation des autorités de la commune de Montreuil-aux-Pêches (Seine), sur la Nouvelle Culture de la Vigne en plein champ, sans échalas ni attaches, *de* M. Trouillet, *arboriculteur et viticulteur.*

Nous, maire de la commune de Montreuil, certifions qu'à la demande du sieur Éloi Trouillet, demeurant en cette commune, rue Cuve-du-Four, n° 75, nous nous sommes transporté en son jardin, situé rue de l'Orme, également en cette commune, qu'il a porté notre attention sur sa vigne, cultivée par un nouveau mode, sans échalas, par le pincement.

Nous avons reconnu et constaté que presque tous les ceps portent à chaque bourgeon de deux à trois grappes, peu n'en ont qu'une, et ceux qui ont trois grappes pourraient être considérés comme en ayant quatre, attendu que le premier aileron de la base de beaucoup de grappes est souvent aussi fort qu'une grappe ordinaire.

Enfin, nous avons compté sur plusieurs ceps des grappes variant de *trente à quarante*.

En foi de quoi, et à la requête du sieur Trouillet, nous lui avons délivré le présent, pour valoir ce que de raison.

Montreuil, ce 7 juillet 1855.

Le Maire,

Signé : de Rotrou.

RAPPORT

Fait à l'Académie nationale agricole, manufacturière et commerciale, dans sa séance générale tenue à l'Hôtel-de-Ville de Paris, le 16 janvier 1856,

Par M. Théodore Delbetz,
Secrétaire du Comité d'Agriculture.

La France est un pays essentiellement vinicole. Son vin, justement estimé au-dessus de tout autre, n'a nulle concurrence à redouter sur les marchés du monde entier. Aussi, le culture de la vigne est-elle une des sources les plus fécondes de notre richesse nationale, et les maladies qui frappent cette plante sacrée, comme l'appelait Horace, sont-elles particulièrement funestes à notre patrie. Nous avons écrit, dans notre Rapport sur les ravages de l'*oïdium*, que si le cruel fléau suivait son mouvement progressif, un million de nos concitoyens tomberaient dans la plus horible misère; car cet arbrisseau précieux disparaîtrait de nos cultures, laissant nos coteaux, naguère si riants et si riches, dans la plus affreuse dévastation. La culture de la vigne occupe en effet, chez nous, une étendue de 2,192,000 hectares, dans le dernier relevé de l'administration des finances, en 1849, et s'étend du 42° au 47° 20" de latitude. Elle est limitée, au nord, par une courbe qui part de l'embouchure de la Loire et qui se dirige vers les rives du Rhin, en passant un peu au nord de Paris et de Soissons, près des 49° 30", où elle atteint son point le plus boréal. Nous ne comptons en France que dix départements entièrement privés de vignes. Dans cinquante-quatre arrondissements, il y a plus du dixième du territoire imposable cultivé en vignes, et dans deux cent vingt-sept, moins du dixième. Les produits, chez le vigneron, s'élevaient, en 1850, à 70,692,000 hectolitres, qui, au prix moyen de 11 fr.

l'hectolitre, donnent le chiffre de 777,612,000 fr. Tel est le produit que l'oïdium, cette autre plaie d'Égypte, menace de réduire à néant!

Nous avons indiqué, dans le rapport précité, les consciencieux efforts de nos honorables collègues pour prévenir la maladie et la détruire. On a constaté, cette année, avec bonheur, que l'oïdium semble battre en retraite; nous espérons que notre plante favorite en sera bientôt délivrée, grâce au retour d'un climat régulier, de saisons bien nettes, bien tranchées, au lieu d'un perpétuel et pluvieux printemps. Sans doute, dans les dix années qui ont vu se produire les maladies si nombreuses qui ont frappé les végétaux et ont failli faire d'une partie de notre belle France une seconde Irlande par l'oïdium, la chaleur moyenne et les moyennes quantités de pluie ont pu ne pas varier d'une manière sensible; mais, à coup sûr, ces quantités ont varié dans leur répartition; tous les agriculteurs l'ont observé, et c'est là, pour nous, la cause occasionnelle de cette irruption d'affections morbides si déplorables, qui nous ont menacés dans notre existence agricole.

Plein d'espérance, comme nous, dans les disparitions prochaines de diverses affections pathologiques des végétaux, et en particulier de l'oïdium, dont il combat si bien d'ailleurs les effets par la fleur de soufre, M. Trouillet, de Montreuil, a demandé à l'Académie de vouloir bien nommer une commission, chargée d'apprécier la méthode de taille de la vigne, à l'aide de laquelle il se propose d'augmenter, dans une proportion considérable, les produits de la France viticole. C'est ce procédé, aussi simple que puissant, si précieux, si l'avenir le consacre, que je vais donner au nom de la commission qui s'est transportée à Montreuil, au mois d'octobre dernier, et qui m'a fait l'honneur de me choisir pour son rapporteur.

M. Trouillet taille à deux yeux les coursons du bois de l'année, en ayant soin, quand il opère à l'automne, de laisser au-dessus du deuxième œil tout un mérithalle ou entre-nœud, c'est-à-dire qu'il taille immédiatement au-dessous du troisième œil. Ce long bois, sans l'œil, a pour effet d'empêcher la vigne de pleurer au printemps, à l'époque de l'ascension de la séve, et d'être aussi exposée à la gelée.

Puis, au moment de la végétation, aussitôt que les grappes ont paru, il pince chaque pousse à une feuille, ou deux au plus, au-dessus de la dernière grappe. Dans ce pincement il faut avoir bien soin de n'enlever qu'une bien petite partie de l'extrémité de la pousse, grosse environ comme un grain de blé, et surtout de conserver la feuille, si petite et si tendre encore, qui se trouve tout près et au-dessous du pincement. Ces feuilles, placées au-dessus des grappes et au-dessous du pincement, ont pour mission, on le comprend, d'attirer et de maintenir la séve dans les pousses de l'année qui portent les grappes, et au grand profit de ces grappes. Après cette première opération fondamentale, qui caractérise essentiellement la méthode de taille de M. Trouillet, cet horticulteur laisse la vigne pousser à volonté jusqu'au moment où la fleur paraît. Alors on pratique ce qui s'appelle l'ébourgeonnement ou l'épamprage, opération qui consiste à abattre, comme chacun sait, les pousses inutiles qui fourmillent sur les ceps ou pieds de vignes. Disons, toutefois, qu'en pratiquant cet épamprage notre collègue a bien soin de conserver les pousses qui sont pourvues de grappes bien formées, ayant remarqué que c'est sur ces espèces de faux bourgeons que se trouvent souvent les plus beaux raisins, sans négliger, bien entendu, de pratiquer sur elles le pincement dont nous venons de parler plus haut.

Quinze jours après l'ébourgeonnement, M. Trouillet pince les faux-bourgeons (ou entre-cœurs, ou sous-œils, suivant la localité), c'est-à-dire les petites ramifications qui se sont développées à l'aisselle des feuilles de la pousse de l'année. Ce pincement se fait à quatre ou cinq feuilles; on pince également encore le sommet de la pousse de l'année. Cette opération peut se faire sans précautions. Elle fait grossir le raisin en faisant affluer la séve qui se trouve en excès, par suite de la disparition, par le deuxième pincement, des parties de rameaux qui l'absorbaient.

Après ce deuxième pincement (en exceptant toutefois les vignes très-vigoureuses, qui exigent quelquefois un troisième pincement, en tout semblable au deuxième), il ne reste plus rien à faire aux vignes jusqu'à ce que le raisin commence à mûrir. Alors, on coupe tous les faux-bourgeons, ou entre-cœurs, ou bien sous-œils, au-dessus de la première ou de la deuxième feuille, c'est-à-dire en ne leur laissant qu'une feuille ou deux. Cette opération se fait très-vite avec une bonne serpette. Elle a pour effet de donner de l'air aux raisins, de faire tourner à leur profit une nouvelle et grande quantité de séve, de hâter leur maturité, et de leur donner une qualité supérieure.

Il n'y a plus ensuite qu'à attendre la maturité du raisin et à faire la vendange.

Telle est la méthode de M. Trouillet, simple comme les lois de la nature, mais puissante comme elles.

Voici le résultat de cette taille. Dans les cultures de notre collègue, nous avons constaté que tous les ceps portaient à chaque bourgeon deux à trois grappes fort belles, dont le premier aileron de plusieurs équivalait à une grappe ordinaire. Nous avons trouvé une moyenne de douze grappes sur chaque cep, et, sur un très grand nombre de pieds, le nombre des grappes variait de *trente* à *quarante*. M. de Rotrou, maire de Montreuil, appelé à visiter les vignes de M. Trouillet à la même époque que la commission dont nous faisions partie, a enregistré les mêmes observations dans un procès-verbal, sous forme de certificat, que nous avons sous les yeux (1). Et quand nous parlons grappes de raisin, que les vignerons, rebelles au progrès de leur art, ne croient pas que nous n'ayons jamais vu que les *grapillons* des vignes étiolées de Suresnes et de Puteaux. Enfant d'un pays vinicole par excellence, nous avons passé notre jeunesse au milieu des ceps de vignes de nos pères, excellents vignerons,

---

(1) Nous avons pu aisément comparer les vignes de M. Trouillet à celles de ses voisins, juxtaposées aux siennes, dans les mêmes conditions de sol et d'exposition : ici très-peu de raisin, là l'abondance.

qui nous ont transmis leur amour du pampre sacré et leur bonne pratique.

D'ailleurs, et pour prouver encore mieux la féconde réalité du progrès que nous constatons dans ce rapport, nous dirons que M. Trouillet a été investi comme professeur de cours dans les départements, et appelé par plusieurs grands propriétaires de vignes à diriger leurs vignobles.

Comme conséquence de sa taille, indépendamment de la multiplication des produits qui en est le point le plus important, M. Trouillet n'a besoin ni d'échalas ni d'attaches d'aucun genre. C'est, on le voit, une économie immense pour les viticulteurs (1). Tous les avantages paraissent donc se trouver réunis dans cette simple méthode de taille; et nous avons le bonheur de pouvoir dire ici aux esprits assez peu logiques pour contester l'importance immense, la nécessité absolue de la science dans l'agriculture, que le procédé de M. Trouillet est le fruit de la réflexion, de l'observation scientifique. Notre collègue est un homme modeste, mais dont les connaissances en physiologie végétale sont étendues, ainsi que nous avons eu le plaisir de nous en convaincre dans une trop courte conversation de cinq heures, en parcourant ses cultures.

Nous dirons donc, maintenant que nous sommes entré dans ces détails: « La méthode de M. Trouillet est toute une révolution en viticulture, si elle se vérifie par une longue pratique. » Ce serait une taille économique, puisqu'elle dispense d'échalas et d'attaches; ce serait le produit de la vigne triplé. Que les droits d'entrée baissent aux portes de nos grandes villes, que l'oïdium disparaisse ou soit aisément combattu, c'est le vin, cet élément de la moelle de l'homme, comme le dit excellemment Homère, mis à la portée de tous, c'est sa multiplication infinie.

---

(1) C'est la taille de la vigne en vase; les sarments courts et forts, disposés comme les branches d'un pommier paradis, n'ont rien à redouter de l'action des vents et sont assez élevés au dessus de terre pour que les raisins ne soient point incommodés par le sol détrempé par les pluies.

M. le ministre de l'agriculture et du commerce, par lettre du 9 mai 1855, a promis à M. Trouillet une commission pour examiner sa méthode.

La Société impériale et centrale d'agriculture, par lettre du 13 avril 1855, avait fait la même promesse.

Enfin l'Académie des Sciences, par l'organe de son honorable secrétaire perpétuel M. Flourens, avait annoncé, par lettres des 8 mars, 3 avril et 16 octobre 1855, la nomination d'une commission chargée d'étudier cette même méthode et d'en rendre compte (commission composée de MM. Boussingault, Decaisne et Péligot).

D'où vient que ces trois commissions ont gardé le silence? Pourquoi n'avoir point fait à Montreuil, au moment de la vendange de 1855, la démarche que l'Académie nationale, seule, a cru devoir faire dans l'intérêt de la viticulture?

Il ne nous appartient pas de résoudre cette question..... Nous dirons seulement que, selon nous, M. Trouillet ne méritait pas cette indifférence.

Nous sommes satisfait, nous, de ce que nous avons vu; mais nous ne dissimulons pas que la pratique et le temps, seuls, peuvent donner complétement raison à M. Trouillet.

En attendant, il ne fait point un secret de sa méthode; il la livre, dans un cours suivi à Montreuil-aux-Pêches, aux quatre vents de l'horizon. Encore quelques applications en grand pour en prouver l'infaillibilité et, assurément, M. Trouillet attirera sur sa découverte, féconde en heureux résultats, l'attention du chef de l'État. Pour nous, nous demandons le renvoi du nom de M. Trouillet au comité des récompenses (1).

---

(1) La culture de la vigne *sans échalas* n'est pas une nouveauté : elle se pratique ainsi dans plusieurs localités du midi ; aussi se méprendrait-on grandement sur l'esprit de notre rapport si l'on pensait que nous attribuons entièrement les succès de M. Trouillet à la suppression des échalas. Cette suppression est une immense économie ; mais ce qui distingue surtout la méthode de M. Trouillet, ce sont les opérations faites dans le cours de la végétation.

RAPPORT

Adressé à Monsieur Flourens, secrétaire perpétuel de l'Académie des sciences. (Section des sciences physiques.)

Monsieur,

Un phénomène peut-être unique dans les annales de la viticulture se présente actuellement à Malzéville, lieu dit *en Braye*, près de Nancy (Meurthe) :

Une vigne d'environ 10 ares, plantée à la pique, fin de mai 1859, à 15 centimètres de profondeur, en crossettes et en chapons, longs de 25 à 30 centimètres, taillés, plus tard pincés et traités suivant les indications données par M. Trouillet dans son traité : *Vigne en plein champ, sans échalas ni attaches*, offre sur les 965 ceps qui la composent, distants d'un mètre, 600 pieds ayant des grappes, dont 100 plus de 5, 17 plus de 8, et un 14. Le plant doit être connu au jardin du Luxembourg sous le nom de *Bon-Liverdun*.

L'opuscule Trouillet n'étant venu à notre connaissance qu'en 1859, nous avons dû, pour nous livrer de suite à des expériences, planter en place nos sujets, au lieu de les élever en pépinière pour les arracher et les replanter à demeure l'automne de la même année, moyen recommandé par l'innovateur, pour ne choisir que ceux qui remplissent toutes les conditions de réussite.

Malgré les chaleurs excessives de l'année passée, nos pépinières, établies d'après ces principes, nous ont offert de magnifiques résultats.

Les échantillons que nous avons l'honneur de vous présenter sont pris au hasard, dans les milliers qui verdissent maintenant un coteau jadis stérile, inscrit dans le cadastre communal comme terrain de *vaine pâture*.

Le développement du système radiculaire, qui dépasse un mètre, celui du système aérien mesurant 40 centimètres (provenant d'une terre non fumée), parlent plus haut que tout éloge aux adversaires de cette innovation.

Les plants semblables à ceux que nous vous envoyons ont été plantés à 15 centimètres de profondeur, garantis de la sécheresse par une butte que le temps fera disparaître; plus d'un hectare implanté de cette manière n'a pas occasionné plus de frais et de difficultés qu'il n'en faut pour planter des pommes de terre. Nous avons pour garantie de leur réussite, non-seulement l'état verdoyant de tous, mais des essais faits, dès l'année passée, avec des plants de deux ans qui offrent des grappes parfaites.

Nous n'exagérons pas, malgré ce qu'a d'excessif notre assertion, en disant que nos 100,000 crossettes et chapons plantés ce printemps ont tous feuille. Nul doute donc pour nous que la méthode Trouillet ne soit une révolution en viticulture.

Tous ceux qui ont voulu suivre à la lettre ses directions, fruits d'une longue expérience, d'une persévérance que ni les railleries ni les injures même n'ont pu dérouter, d'un esprit d'observation de l'homme de génie, se sont convaincus qu'il est dans le vrai et que les échecs ne sont dûs qu'à la négligence et au mauvais vouloir de la routine. Ne voulant point former notre opinion, comme la plupart des propriétaires, sur l'expérience souvent machinale du vieux Pierre ou Jean, nous avons planté, taillé, pincé nous-mêmes nos vignes et acquis, nous l'espérons, à la sueur de notre front, quelque droit à réclamer pour M. Trouillet la gloire d'avoir enrichi sa patrie d'une méthode nouvelle, quand ce ne serait que par la découverte des modifications suivantes à l'ancienne viticulture et dont l'expérience est faite :

1° Plants taillés à l'intersection de la moelle pour les mettre à l'abri de la pourriture (mésophyte).

2° Taille en sec à un mérithalle au-dessus de l'œil.

3° Plantation à 10 ou 15 centimètres de la surface du sol.

4° Conservation du sous-œil pour nourrir le bouton, espérance de l'année suivante.

5° Pincement pour concentrer la sève dans le sujet.

6° Rajeunissement de la vigne par la *sauterelle*.

La culture de la vigne ne sera plus un ouvrage pénible, partage de l'ouvrier robuste : elle deviendra l'occupation des femmes et des enfants. Nous devons donc, Monsieur, en notre nom et en celui des nombreux appréciateurs de la nouvelle méthode, prier Messieurs de la commission nommée par l'Académie, dont l'avant-propos de l'opuscule fait mention, de bien vouloir donner suite à leur rapport. Ces messieurs comprendront que garder plus longtemps le silence, de la part du premier corps savant de France, c'est, sinon frapper de mort un système, décourager tout au moins les efforts du génie. Ne pas tendre la main à ce nouveau Palissy détruisant ses jardins pour soulever en faveur des viticulteurs un coin du voile mystérieux de la nature, c'est l'exposer à voir sa découverte passer sous le nom d'un autre à l'étranger.

Que la première Académie du monde savant mette la plus grande circonspection à donner sa sanction à une découverte scientifique; qu'elle soit moins appelée à provoquer les essais qu'à enregistrer les acquisitions de la science, c'est ce que chacun comprend; et, toutefois, la nomination d'une commission n'est-elle pas un engagement tacite dont le silence prolongé ne peut être interprété que comme le désaveu de la vérité de cette innovation ? Les sociétés d'agriculture de la province, plus particulièrement appelées à provoquer les essais, ne sont-elles pas en ce cas-ci encouragées dans leur inaction, tant que l'Académie n'a pas jugé à propos de se prononcer ?

N'est-ce pas là l'explication que nous pouvons nous donner du peu de sympathie avec laquelle la section viticole de la Société centrale d'agriculture de Nancy a accueilli cette nouvelle méthode, bien que depuis quatre années chez nos voisins du département des Vosges, par la sollicitude de la Société d'Emulation, aidée du concours de l'autorité et du conseil général, M. Trouillet développe sa méthode avec un succès toujours croissant dans chacun des chef-lieux d'arrondissement; que, pendant dix-huit mois, dans notre commune, à la porte de Nancy, nous ayons entendu, au nombre de plus de 200 auditeurs, les leçons de M. Trouillet, et sans aucun aide que celui du besoin qui nous a réunis, nous avons eu le regret de ne voir assister *officiellement* aucun des membres de la Société centrale pour plaider contradictoirement la cause de la viticulture et satisfaire ainsi, comme organe public, soit par son adhésion, soit par sa désapprobation motivée, l'attente si vivement excitée des vignerons du département?

Pour remédier à cet état de choses, il serait important, Monsieur, il nous semble, que la commission nommée par l'Académie usât de son crédit pour recommander et suivre, dans toutes les contrées viticoles de la France, des essais sur une méthode appelée à doter le pays d'une richesse que l'innovateur n'a point exagérée. Espérons qu'à la générosité qui lui fait livrer au domaine public le fruit de bien des années de recherches pénibles, les académies, sociétés d'agriculture et viticulteurs ne répondront pas par une guerre sourde, au lieu de lui apporter leur juste tribut d'admiration et de reconnaissance.

J'ai l'honneur d'être, Monsieur, avec une parfaite considération, votre très-humble serviteur,

Ad. Wayre,
propriétaire à Malzéville.

10 juillet 1860.

PREMIER RAPPORT

Adressé le 16 octobre 1860 à S. Exc. le Ministre de l'agriculture

Par M. Ad. Wavre

Excellence,

La France doit-elle faire un milliard d'économie en cultivant ses vignes suivant le système Trouillet (1)? C'est ce que se chargera de nous apprendre le temps : court il sera, si Votre Excellence veut bien y coopérer.

Jusqu'ici deux faits capitaux nous sont acquis par la pratique :

Le *premier*, celui de bouts de sarments, sans racines, longs d'environ 30 centimètres, plantés en mai 1859 dans un sol ordinaire et offrant actuellement les deux tiers de ses ceps avec raisins, quelques-uns jusqu'à dix grappes. (Mon rapport à l'Académie, que j'ai l'honneur d'adresser à Son Excellence, lui offrira de plus amples détails.)

Le *second*, celui d'une maturité telle que, le 26 septembre, j'ai pu vendanger des vignes traitées suivant ce système, tout étant alors encore verjus dans notre département (Meurthe).

Les grappes de la susdite vigne seront laissées pendantes pour servir de preuves de conviction à l'opposition systématique des détracteurs de cette riche innovation. Légers et ignorants observateurs, ils l'accusent de ne pas offrir une maturité complète, sur de maladroits essais faits par ceux qui se sont contentés d'enlever leur échalas et de *pincer*

(1) Éloi Trouillet, professeur de viticulture et d'arboriculture à Montreuil-aux-Pêches, rue Cuve-du-Four, 75.

leurs vieilles vignes, en suivant plus ou moins à distance les instructions de l'auteur, oubliant que le fond de son système est : *régénération* des racines et *distance* d'un mètre, plus ou moins, suivant le sol ou le plant.

Il est fâcheux que la commission nommée par l'Académie, en suite de mon rapport, soit en vacances : il ne lui restera plus que l'hiver pour constater mes assertions.

Les nombreux encouragements des visiteurs venus des quatre coins de la France ne laissent aucun doute sur le puissant intérêt de cette question. Le petit propriétaire ou l'ouvrier, qui ne peut voyager, devrait faire l'objet des préoccupations des sociétés agricoles.

Me serait-il permis, à cette occasion, d'exprimer à Votre Excellence un vœu partagé par beaucoup d'agriculteurs de notre département : celui qu'il fût avisé à ce qu'aucun membre de comice agricole n'eût à prendre part comme concurrent aux divers concours, afin que le pied de la vigne ne fût pas sacrifié à celui du cheval, de la vache, etc., etc., *et vice versâ* ?

J'ai l'honneur d'être, avec la plus haute considération, de Votre Excellence, le très-humble serviteur,

Ad. Wavre, rentier,
Au château de Malzéville, près Nancy (Meurthe).

Malzéville, le 16 octobre 1860.

Ce rapport de M. Wavre était suivi de la note que voici :

« A partir de ce jour, 25 octobre, et afin que les partisans de la méthode Trouillet, même les plus éloignés de Malzéville, puissent se convaincre de la maturité du raisin, M. Wavre laissera une partie de sa récolte quinze jours encore sur ou sous les ceps.

« Les premiers visiteurs reconnaîtront que, malgré la couche de neige qui, le 11 de ce mois, a couvert nos campagnes, les feuilles de la vigne, chez M. Wavre, sont encore vertes, tandis que dans les propriétés voisines elles sont jaunes ou absentes.

« M. Wavre se fera un plaisir de communiquer à ses visiteurs des observations, qu'il croit fondées, sur l'incomplète maturité du fruit dans certaines vignes traitées cette année d'après la méthode de M. Trouillet, et principalement dans celles qu'on s'est hâté de dégarnir du sous-œil ou entre-feuilles. »

De nombreux visiteurs vinrent examiner les vignes de M. Wavre, et le résultat de leur examen est consigné dans le second rapport dont voici le texte.

DEUXIÈME RAPPORT

Adressé le 23 septembre 1861 à M. le Ministre de l'agriculture et des travaux publics

---

Excellence,

Garder le silence après les bienveillants encouragements que Votre Excellence m'a donnés par sa réponse, en date du 12 octobre écoulé, à la lettre où je lui signalais le produit phénoménal d'une vigne plantée suivant la méthode de M. Trouillet, ne serait-ce pas avouer un échec et donner gain de cause aux détracteurs de cette innovation?

Ce que j'appelais alors phénomène n'en est point un, c'est un état constant. Cette vigne dont je vous entretenais, qui a maintenant vingt-huit mois, offre une telle récolte que la proportion des grappes, de 5 à 10 l'année passée, est, celle-ci, de 10 à 20 et même 25, d'une grosseur exceptionnelle, malgré les intempéries : en 1860, humidité excessive, gelée en automne; en 1861, hiver de 19° centigrades, gelée du printemps; en été, violents ouragans, chaleur et sécheresse consécutives durant trois mois, sans aucun détriment sensible à sa végétation. — N'oubliez pas qu'elle n'est plantée qu'à 15 centimètres de profondeur. Elle est donc sortie victorieuse des influences atmosphériques les plus pernicieuses à sa prospérité.

Quatre hectares, plantés avec le même succès, se cultivent à la charrue et à la houe; l'expérience modifiera ces moyens encore dispendieux, si se confirment les espérances que la vigne phénoménale a fait concevoir jusqu'ici.

L'impulsion que Votre Excellence a sans doute donnée aux comices viticoles m'a valu l'honneur de la visite de Messieurs leurs représentants du voisinage, ainsi que celle de M. le président de la Société centrale de Nancy, qui s'est prononcé en faveur de la méthode. — Voici en partie comment résumait une séance de cette Société le n° du 22 juin du *Journal de la Meurthe et des Vosges :* « La méthode de « viticulture de M. Trouillet a attiré l'attention de la Société « centrale. Son président, qui a parcouru récemment et « admiré les belles plantations de M. W..., à Malzéville, « recommande vivement le procédé de plantation qui s'effec- « tue par boutures. Grâce à ce procédé, le cep se charge, « dès la 3e année, de 6 à 7 raisins, ce qui n'a lieu qu'au bout « de 5 ans suivant la méthode habituelle; mais l'opération « exige des soins attentifs, etc., etc. — La Société centrale « se propose et aura grandement raison d'étudier avec solli- « citude la méthode Trouillet, qui jouit de beaucoup de « popularité dans le département des Vosges, où l'habile « viticulteur va tous les ans distribuer ses enseignements. »

Un succès aussi avoué de cette méthode ne fait-il pas un devoir à tous ceux qui en bénéficieront de solliciter auprès de Votre Excellence, en faveur de son auteur, une récompense nationale; si elle ne jugeait pas devoir élever à cette hauteur la découverte Trouillet, ne serait-ce pas de toute justice de lui accorder les mêmes droits que ceux que la loi réserve au savant, à l'artiste, à l'artisan, contre la reproduction non autorisée de leurs œuvres, ou enfin, lui donner la mission officielle de se faire entendre dans les principaux centres viticoles? L'esprit d'observation qui distingue M. Trouillet serait au profit du public, il serait le fil électrique qui transmettrait aux coteaux les plus éloignés les acquisitions de la pratique, qui restaient jadis stationnaires des siècles dans une localité.

C'est aux courses de notre observateur que quelques auditeurs lui doivent les moyens de préservation totale ou partielle de la gelée et de la conservation du sarment jusqu'à l'époque la plus reculée du printemps, si favorable à la reprise des boutures.

La méthode est trop belle et ne serait pas œuvre humaine si l'expérience ne nous amenait pas quelque déception. Telle qu'elle se présente actuellement, elle promet au pays un grand avenir, — aux savants, le soin de calculer la perte que six années d'opposition non fondée ont causée aux deux millions d'hectares des vignes de la France.

La vaine attente de la réalisation de promesses ne serait-elle pas due à la brutale pratique qui vient donner un coup de pied à la théorie des coryphées de la physiologie végétale?

J'ai l'honneur, etc.

AD. WAVRE.

CULTURE
DE LA VIGNE
EN PLEIN CHAMP
SANS ÉCHALAS NI ATTACHES

Préparation du terrain

Dans mes deux précédentes éditions, je m'étais abstenu de parler du défoncement de la terre et de sa préparation pour planter une vigne. Il me répugnait de me faire l'écho des pratiques vicieuses qui sont encore en vogue en cette matière, et qui trouvent encore place dans la plupart des livres de viticulture. Aujourd'hui, je puis du moins exposer ce qui m'a toujours réussi dans ma pratique.

Lorsqu'un terrain quelconque est destiné à la vigne, je le fume avec de bon fumier *bien fait*, c'est-à-dire arrivé presque à l'état de terreau, ou avec des boues de ville, s'il est possible de s'en procurer. Ensuite j'examine la profondeur de la couche de terre végétale, puis j'étudie la nature des sous-sols; si le ou les sous-sols sont susceptibles de devenir terre arable ou végétale, je fais un défoncement de

50 à 60 centimètres de profondeur; mais si le sous-sol est impropre à la végétation, j'évite de l'entamer.

Pour faire ce travail, j'opère ainsi : j'ouvre une tranchée et je remue et mêle ensemble le sol de la superficie, l'engrais et le sous-sol, sans m'attacher à placer l'engrais au fond, selon l'usage reçu, attendu que les racines de la vigne sont à la fois traçantes et pivotantes.

Un défoncement ainsi fait améliore tout le terrain, tandis qu'en mettant avec précaution le sol de la superficie avec l'engrais au fond de la tranchée et le sol du fond en dessus, l'on force les racines à chercher leur nourriture dans un sous-sol souvent dénué de principes végétatifs.

Si le sous-sol est calcaire et convient aux plantations de vignes en général, il n'y a que demi-mal; mais si le sous-sol est contraire à ce végétal, les plants prendront vite la chlorose.

En résumé, que l'on défonce à mains d'homme ou à la charrue, les terrains, quelle qu'en soit la nature, n'auront de force végétative que suivant la quantité d'humus qu'ils contiendront. Ainsi dans les terrains maigres, avant de faire le défoncement, il est indispensable de fumer, je le répète, avec des engrais bien faits.

Si on le peut, et si l'on tient à ne pas précipiter les choses, c'est-à-dire opérer convenablement, les défoncements doivent se faire en automne et en hiver, afin que la gelée puisse désagréger la terre et hâter la dissolution des éléments nutritifs qu'elle contient. On comprend que les défoncements faits au printemps ne puissent produire les mêmes résultats.

Avant de préparer son terrain, il est utile d'avoir fait, l'année précédente, ses plants en pépinière, et, pour procéder avec ordre, nous allons décrire avec le plus de netteté possible cette opération qui, je le répète ici, comme dans mon avant-propos que j'engage à lire avec attention, est la plus décisive pour l'avenir d'une plantation.

Fig. 1.
Crossette.

Préparation des plants en crossettes

Pour obtenir de bons plants, il faut les prendre sur de jeunes vignes de 4 à 10 ans, s'il est possible. Il faut que les ceps sur lesquels on prend les boutures ou les crossettes soient sains, vigoureux, bien garnis de raisins non coulés. La coulure indique presque toujours un sujet défectueux.

La crossette doit être faite en tout semblable à la figure 1 ci-jointe. Ce plant est pris sur le bois de la taille de l'année précédente : on doit opérer ainsi pour être certain des ceps sur lesquels on doit prendre les plants. Peu de temps avant la vendange, on marque les plants portant de beaux produits, soit par un osier attaché à la souche, soit par une ficelle à l'un de ses sarments, etc.

Après la chute des feuilles, on enlève les sarments destinés à former les plants. Chaque sarment doit avoir à sa base une partie de bois de l'année précédente. Ensuite, avec un sécateur ou une serpette (le premier est beaucoup plus commode et abrège la besogne; mais, après lui, il faut rafraîchir la coupe à la serpette), on détache de ce bois de l'année précédente le jeune sarment avec son insertion tout entière, c'est-à-dire que ce dernier doit avoir à sa base, après qu'il est détaché, un bourrelet que l'on enlève et rafraîchit avec une bonne serpette coupant bien, afin qu'il ne reste aucune meurtrissure. Les plants ainsi préparés, les racines se développeront à la base. La séve, nourrissant le système radiculaire, produira vite une transsudation de séve descendante qui couvrira d'une excroissance de cambium la coupe inférieure du plant. Celle-ci, examinée de près, laisse voir des fibres nourrissant les racines d'une part, et la tige de l'autre; ce qui a fait donner à cet organe le nom de bourrelet par les vignerons, et la science le nomme avec raison *mésophyte artificiel.*

Pour plusieurs raisons, j'ai toujours adopté les plants crossettes, et, plus que jamais, je les préfère aux chapons ou boutures simples sans insertion de bois de l'année précédente (dont je parlerai plus loin). D'abord, les plants en crossettes ont à leur base ou talon une partie boisée non moelleuse, qui met la moelle de la tige à l'abri de tout accident, à tel point qu'ayant fendu dans toute leur longueur des plants qui pendant deux ans avaient à peine donné signe de vie, je l'ai trouvée partout dans un parfait état de conservation.

Dans les plants crossettes, les points radiculaires à l'état d'embryons sont très-nombreux: j'en ai souvent compté plus de vingt, et dernièrement un propriétaire de la Meuse m'écrivait qu'au moment de l'arrachage de ses plants en pépinière il avait compté plus de trente racines sur un même plant.

Quelle force de végétation ne doit-on pas attendre d'une aussi grande quantité de racines mères qui s'enfoncent dans le sol en se ramifiant! Cependant, je préviens que les plants crossettes ne se développent pas toujours aussi vigoureusement la première année que les plants chapons; la partie ligneuse qui se trouve à la base rend l'absorption ou action capillaire de l'humidité du sol un peu plus lente que dans les chapons. Mais pour l'avenir, je ne crains pas de le dire, la crossette donne seule des ceps vigoureux, de longue durée et susceptibles de beaucoup et de bons produits.

Préparation des plants en chapons ou boutures simples

Bien que je n'aime pas les plants chapons et que j'aie la conviction que presque toujours ils produisent la coulure et les plants de mauvaise venue, il est cependant des cas où l'on ne peut se procurer assez de plants en crossettes; puis souvent, en vue de pro-

propager une espèce, on tient à faire des plants avec tous les sarments dont on dispose.

Dans ce cas, avec un peu de précaution, on peut faire ces sortes de plants un peu moins mauvais. Pour cela, dans le cours de la végétation, il faut laisser pousser les vrilles ou cirrhes. Au moment de faire les plants en chapon, il faut couper la base du plant immédiatement au-dessous d'un œil en face duquel ait vécu une vrille. On supprime celle-ci. A cet endroit, le diaphragme, ou membrane séparant la moelle du mérithalle, est toujours plus épais qu'à l'endroit d'un œil en face duquel il n'y avait pas de vrille.

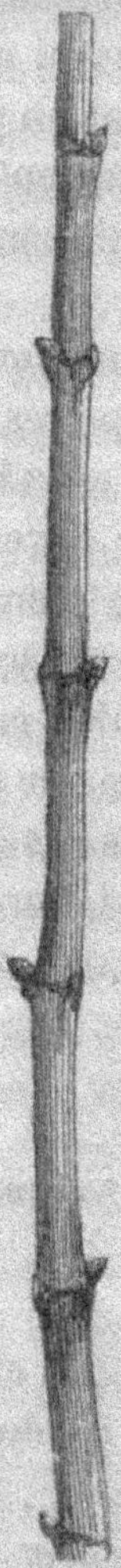

Cependant, malgré cette précaution, la membrane qui sépare chaque mérithalle n'est jamais assez ligneuse pour garantir la moelle du contact de l'humidité, et souvent des ravages de vers et de certains insectes qui vivent dans le sol. Cette ténuité est très-souvent la cause de la perte de ces sortes de plants, toujours prédisposés à une affection organique.

Fig. 2.
Chapon.

Soins à donner aux plants depuis leur préparation jusqu'à leur mise en pépinière

Lorsque la base des plants est préparée,

soit à l'automne après la chute des feuilles, soit en hiver, il faut les couper par le haut et les réduire à une longueur de 35 à 40 centimètres. Ensuite on ouvre une tranchée, autant que faire se peut, dans une terre légère, sèche, sablonneuse. Cette tranchée doit avoir 45 centimètres de large sur 40 ou 45 centimètres de profondeur; les plants seront couchés horizontalement en travers de la tranchée, en ayant soin de mettre la partie qui doit émettre les racines au long d'une des parois. Il est même utile de les enfoncer un peu dans cette paroi. Il faut en mettre d'abord un rang dans le fond de la tranchée, en ayant soin que les plants ne se touchent pas; cette première couche faite, on recouvrira de 3 centimètres environ de terre ameublie et l'on disposera par-dessus une seconde rangée de plants, puis une troisième que l'on recouvrira de même de 3 centimètres de terre; ensuite on comblera la tranchée et on laissera ainsi les plants stratifiés jusqu'au 15 mai. A cette époque seulement (du 15 à la fin de mai), on ôtera les plants de la tranchée pour les mettre en pépinière.

Soins à donner aux plants pour leur mise en pépinière

D'abord le terrain où l'on désire faire une pépinière doit avoir été défoncé et fumé convenablement avec des boues de ville, si on a pu s'en procurer, ou des fumiers bien faits, les plus menus possible, comme nous l'avons dit à l'article *Préparation du terrain.* Le terrain ainsi préparé, on ôte les plants de la tranchée avec un trident ou fourche ; il faut faire ce travail avec précaution, attendu que la majeure partie des plants auront émis leurs racines, qui sont très-fragiles et qui néanmoins doivent rester intactes.

Il faudra lever peu de plants à la fois, et si on devait les transporter, il faudrait encore envelopper la base avec un linge mouillé, afin que les jeunes racines ne se dessèchent pas à l'air : il suffit de quelques instants de contact avec l'air pour les frapper de mort.

Les plants en jauge ou en stratification auront aussi développé leurs bourgeons, mais il ne faudra pas s'en inquiéter ; ces jeunes bourgeons périront au contact de l'air ; mais, comme la vigne possède toujours un œil et un contre-œil au même point d'insertion, le contre-œil se développera après la mise en pépinière des jeunes plants.

La formation des plants en pépinière est et sera toujours à mon avis la meilleure manière d'opérer pour planter une vigne. Voici comment je forme la pépinière : j'ouvre une rigole de 8 à 10 centimètres de profondeur ; je place mes plants, sortant de la jauge, debout au fond de la rigole, en ligne droite et à distance de 10 centimètres les uns des autres ; je presse avec la main la terre à la base et autour de chaque plant de manière à bien le fixer au sol ; je mets environ 5 centimètres d'épaisseur de terre, ensuite j'arrose et comble la rigole ; puis, de chaque côté de la ligne des plants, j'amasse la terre en ados ou monticule qui enterre les plants en ne laissant que l'œil supérieur hors de terre.

Pour faire le monticule convenablement, il faut que les lignes soient tracées de 30 à 35 centimètres de distance les unes des autres. (Observons ici en passant que, pour obtenir une bonne végétation des jeunes plants en pépinière, il faut en enlever toutes les herbes, qui toujours sèchent la terre et étiolent les jeunes plants par leur ombre.)

En 1858, année de sécheresse tout exceptionnelle, j'opérai comme je viens de l'indiquer, et, de plus, prenant la précaution de pailler ma pépinière, je ne fis que deux arrosages : l'un au moment de la plantation, l'autre une quinzaine de jours après, et mes plants réussirent parfaitement.

Au printemps suivant, on peut enlever les jeunes plants de la pépinière pour les planter en place, c'est-à-dire pour former une vigne.

Il arrive quelquefois que les jeunes pousses des plants en pépinière ont à souffrir d'un hiver trop rigoureux, quelques propriétaires prennent la précaution de les couvrir de paille; d'autres les arrachent après la chute des feuilles et leur font subir une seconde stratification en les enterrant de nouveau pour passer l'hiver. Ces moyens sont prudents et on ne peut que les approuver; mais, quels que soient les moyens que l'on emploie pour faire et conserver les plants chevelus de la vigne, j'engage les propriétaires à ne jamais former une vigne avec des plants dont le système radiculaire serait défectueux : ils n'en tireraient rien de bon.

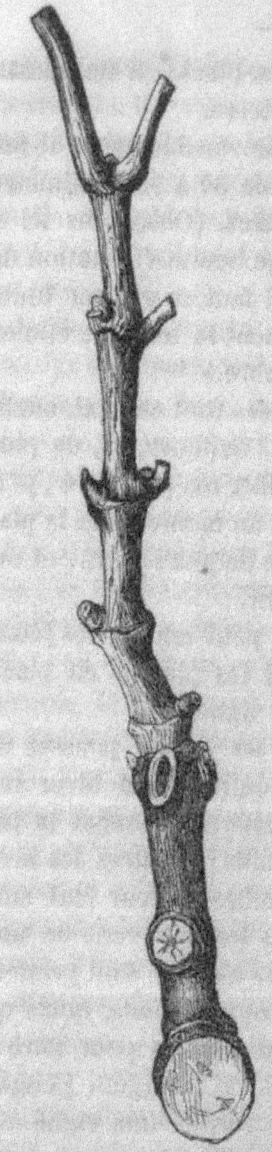

Fig. 3. — Plants à double système radiculaire.

En 1855, en faisant, avec mon fils, la dissection d'un cep, nous remarquâmes qu'à la base de l'insertion d'un sarment de deux ans les points radiculaires étaient beaucoup plus prononcés que ceux qui sont à la base du sarment de l'année; puis, ayant fendu ce sarment, nous remarquâmes aussi que la séparation ou membrane qui existe la première année au-dessous ou mieux à la base de chaque œil séparant le mérithalle et rendant ces yeux indépendants l'un de l'autre, n'existe presque plus à la deuxième année, la moelle devenant un centre commun à plusieurs sujets. Ces remarques nous amenèrent à faire des plants que j'ai depuis nommés : *plants à double système radiculaire* (*fig.* 3).

Ces plants sont difficiles à la reprise et ont besoin, indépendamment de la stratification, d'être plusieurs fois arrosés ; mais lorsqu'ils sont enracinés ils acquièrent plus de vigueur que les autres.

Tout plant de vigne enraciné, sortant de la pépinière ou autre lieu, porte le nom de *plant chevelu*. (Voir plus loin les *fig.* 4, 5, 6 et 7.)

De la plantation de la vigne

La plantation de la vigne est une opération à laquelle tous les vignerons et les viticulteurs attachent une importance méritée ; mais chacun d'eux l'exécute, pour ainsi dire, suivant son idée, et le plus souvent sans un raisonnement fondé sur les principes de la physiologie végétale, et surtout sur le mode de végétation de cette plante.

La vigne est un arbrisseau dont la tige grimpante cherche l'air et n'est pas destinée à vivre sous terre ; elle peut cependant être enfouie, elle l'est en effet dans beaucoup de vignobles ; mais rien ne prouve que ce pénible travail ne soit pas plutôt nuisible qu'utile, comme je le démontre dans mon ouvrage *de la Régénération de la Vigne*.

Cette tige, réduite à vivre sous terre contrairement à sa loi vitale, n'est point une racine proprement dite ; elle conserve, dans l'état contre nature où on la place, la plus grande partie de ses propriétés de tige, donnant seulement par ci par là naissance à quelques petites radicelles qui ne peuvent être que d'un faible secours à la vie du cep. Il faut toujours que ce cep soit nourri par les racines mères qui part ent du point de connexion de la tige et des racines, nommé *mésophyte*, vulgairement *pivot*.

Plus ce mésophyte artificiel, formé au pied d'un sarment couché en terre, sera éloigné de la végétation aérienne, plus la séve ascendante mettra de temps à y arriver; elle pourra même se perdre en parcourant une longue tige enfouie, souvent contournée, rompue, surchargée d'onglets, de chicots, de plaies et de bois mort. J'en ai vu un exemple frappant à mon passage à Rilly (Marne), où j'assistai à l'arrachage d'une vieille vigne avec des provins de 2, 4 et même 5 mètres de long. Ces sarments, conformes de tout point à ceux dont je viens de parler, laissaient échapper une telle quantité de séve que la terre qui les entourait en était imbibée; puis à 15 ou 18 centimètres dans le sol se trouvait une petite touffe de maigres racines à la base du bois de l'année précédente. Là donc, comme toujours, les racines mères, malgré le provignage, étaient obligées de nourrir l'arbrisseau. Je le demande, quelle force peut avoir cette séve qui inévitablement se perd, en partie au moins, dans un si long et si pénible parcours en terre?

Dans plusieurs vignobles, on compte si peu sur le secours des racines secondaires, qu'en faisant un nouveau provignage on coupe celles qui restent du provignage précédent; pourquoi les faire naître si on en reconnaît l'inutilité?

Cet état contre nature de la tige présente le plus

souvent de graves inconvénients, engendre des maladies, et abrége l'existence de la vigne (1).

Quand la vigne naît de semis, la petite graine pousse sa tigelle hors de terre, où elle surmonte les deux cotylédons, et sa petite racine s'enfonce et se ramifie dans la terre sous les cotylédons.

La tige développe une série de nœuds que chacun connaît dans le sarment, mais la racine ne présente point cette disposition : elle se compose de fibres allongées, compactes, sans nodosités et sans moelle.

La vigne a cela de commun avec la plupart des arbrisseaux ligneux, et elle ne ressemble en rien aux plantes, qui naturellement ont une souche souterraine.

Elle possède son mésophyte, c'est-à-dire une séparation bien tranchée entre le système de circulation des racines et le système de circulation de la tige. C'est à la surface du sol, au niveau de l'insertion des cotylédons, que cette séparation existe. Les souches ou tiges de vigne enfouies ne sont donc que des supports de racines bâtardes et secondaires. Leurs véritables racines, leur mésophyte, sont à l'extrémité de ces sarments, ou, si l'on aime mieux, au dernier nœud ou œil du sarment mis en terre. J'insiste sur ces faits conformes aux données de la science et de l'observation, et j'invite les viticulteurs à s'y arrêter, parce que de cette étude découlent les vrais principes

(1) Je m'engage à expliquer ces effets de la végétation de la vigne plantée contre nature aux personnes qui me font l'honneur de m'appeler chez elles par lettres affranchies.

de la plantation de la vigne. On n'a pas l'habitude de semer la vigne, d'abord parce qu'elle fait trop attendre son produit quand on la multiplie par ce procédé; ensuite, les semis changent la nature du cépage, et l'on ne pourrait être assuré d'avoir l'espèce que l'on désire. Elle se multiplie donc par voie de boutures.

La bouture est un sarment qui, n'ayant point encore de racine, manque de mésophyte. Pour que ce mésophyte s'établisse convenablement, il faut que le système radiculaire parte du dernier nœud ou œil mis en terre ; à cette condition, seulement, l'arbrisseau de bouture se rapprochera de l'arbrisseau venu de semis et pourra avoir la même vigueur et la même durée (1).

Comme nous l'avons déjà dit, dans la vigne venue de graine, le mésophyte est à la surface du sol; donc, la bouture, pour se rapprocher le plus possible des effets de la nature, ne doit point être enterrée profondément. De cette manière, les racines trouvent toute la couche de terre végétale pour s'y enfoncer naturellement, et rien ne s'oppose au mouvement ascensionnel de la tige.

D'où il suit que la meilleure position de la bouture est la position verticale, qui est la seule qu'indique la nature. L'expérience m'a démontré pleinement la supériorité de cette pratique. Ce n'est pas tout, d'autres conséquences non moins importantes découlent

---

(1) Voir à ce sujet mon ouvrage *de la Régénération de la Vigne*, en vente à la librairie A. Goin, rue des Écoles, 82.

encore de l'observation de la nature, relativement à la plantation. Ainsi, les racines étant destinées à descendre dans le sol végétal, que doit-on penser du vigneron qui plante le dernier nœud de sa bouture (d'où doivent naître les racines qui font toute la vie de l'arbuste) au-dessous du sol végétal ou même au fond de sa couche, même la plus épaisse ? Il est évident : 1° qu'il forcerait les racines à remonter si cela était possible ; 2° qu'il nuirait au développement des racines mères ; 3° qu'il empêcherait la formation du mésophyte artificiel, qui toujours doit exister à l'extrémité inférieure du sarment, et qui, à mon avis, est toute la vie de la plante ; 4° qu'il empêcherait ce même mésophyte de profiter de l'action bienfaisante de l'air et de la chaleur. Autant vaudrait dire que ces hommes tuent la vigne en la plantant.

Cependant, j'entends dire de tous côtés : C'est l'habitude ! Je réponds que si la vigne est assez vivace pour vaincre tous ces obstacles, que ne doit-on pas attendre d'elle lorsqu'elle est traitée convenablement !

Cette mauvaise plantation, produisant peu de végétation, a engendré le provignage, travail contre nature, qui ne donne qu'une vie factice et de courte durée à ce précieux arbuste.

La lutte qui s'établit entre la séve ascendante et la séve descendante par la naissance des racines secondaires provenant du provignage formera des nodosités, des ulcérations ; la lenteur de la circulation aussi bien que sa marche irrégulière entraîneront la chlorose, la jaunisse et la mort. C'est ce qui s'observe en effet, et ce que prouve constamment l'arrachage fait avec soin des plants malades. En résumé, c'est à peu de profondeur qu'il convient de planter la vigne, à savoir : de 12 à 15 centimètres, quelle que soit d'ailleurs la profondeur du sol végétal.

Du Provignage et de son effet

On peut conclure de ce que je viens de dire, et la pratique donne encore complétement raison à cette conclusion, que le provignage ou l'enfouissement des souches ou sarments est une mauvaise opération, contraire aux lois de la nature, plutôt nuisible qu'utile ; qu'il est souvent la source d'une foule de maladies ; qu'il exténue la vigne et en réduit le produit (ce dont on pourrait se convaincre en y portant un peu d'attention). Il est certain qu'un cep malade a beau être provigné, il n'en reste pas moins toujours dans son état maladif.

Si le provignage était bon, il devrait donner après trois ou quatre recouchages, par la quantité de racines que cette opération doit faire développer, une telle force de végétation que l'on devrait pour ainsi dire ne plus en être maître.

Est-ce l'effet que l'on obtient ? Mille fois non ! Loin de là, plus on provigne, moins on a de végétation ; à tel point qu'il faut, quand on a commencé le provignage, le continuer presque tous les ans.

C'est donc, comme je l'ai dit, agir contre nature que de coucher en terre un sarment possédant sa moelle dans toute sa longueur, puisqu'on ne rencontre cette disposition nulle part dans l'état naturel.

Dans la disposition physiologique naturelle de la vigne, comme dans celle des arbres obtenus par semis de pepins ou de noyaux, on rencontre des racines fibreuses sans moelle partant d'un mésophyte placé près de la surface du sol dans lequel elles s'enfoncent en divergeant à leur gré, y développant leur chevelu ou radicelle terminé par des spongioles, un tronc unique s'élevant au-dessus de ce même mésophyte pour étendre dans l'air libre ses rameaux.

La culture que j'indique pour la vigne a pour but de se rapprocher de la nature, d'opérer comme la nature elle-même, et le résultat a pleinement confirmé mes essais.

De tous côtés on m'objecte que pour avoir de grandes et belles treilles, pour avoir plus de végétation enfin, on est dans l'habitude de recoucher le jeune cépage. Les faits répondent mieux que je ne pourrais le faire à cette objection. Qui n'a vu ces ceps forts et vigoureux adossés aux habitations dans presque toutes nos communes de France? Un pavage recouvre souvent le sol qui les nourrit, ils n'ont jamais été provignés ni cultivés, cependant ils sont vigoureux et productifs. Sur ce sujet bien des personnes partagent ma manière de voir. Je me trouvais en 1856 à Fontainebleau; j'allai visiter la treille du château; le garçon-chef qui me conduisait me fit remarquer comme nouveauté, plantés le long d'un mur, un grand nombre de ceps qui ne devaient pas être provignés, M. Souchet, directeur-jardinier en chef du château de Fontainebleau, ayant reconnu l'inutilité de cette opération.

Par les lettres que je tiens à la disposition des personnes qui voudraient suivre le progrès de la viticulture, il m'est facile de montrer combien de toute part on cherche à s'affranchir de cette onéreuse coutume. Pour renouveler un pied de vigne détérioré par l'âge ou par des accidents quelconques, n'est-il pas plus facile de le faire par le recépage seulement ? Si le système radiculaire de ce pied est bien établi par plusieurs années d'existence, un seul rameau lancé verticalement acquerra bien certainement dans une seule période de végétation une longueur de plusieurs mètres.

Dans plusieurs endroits et sur différents sols, j'ai souvent rabattu des vignes dont les bras ou membres principaux, engorgés par des tailles répétées, ne donnaient plus que quelques rameaux grêles ; après cette opération elles ont donné des végétations saines, luxuriantes et vigoureuses.

Ces jets ont été disposés en treille nouvelle et leur vigueur n'a pas cessé de se soutenir. Une foule d'autres cas m'ont mis à même de faire les mêmes observations. Il est donc évident pour moi que le provignage est un mauvais mode d'opérer.

A chaque nœud du sarment enfoui poussent plusieurs radicelles que souvent les labours d'été ou la chaleur livrent à la dessiccation. Les véritables racines qui n'avaient pas eu à fournir au printemps, au moment où la terre est humide, les sucs tirés par ces accessoires, ne développant pas leur chevelu ; elles ne peuvent suppléer tout à coup à ces accidents ; les feuilles jaunissent, brûlent, tombent ; le raisin restant à découvert avant sa maturité ne profite plus ; enfin la vigne souffre et prend quelquefois assez la chlorose pour en périr. Aussi est-ce avec raison que l'abbé Delpy, d'accord avec plusieurs autres auteurs et praticiens, a conseillé dans ces derniers temps de supprimer tous ces chevelus bâtards avant l'ascension de la séve, comme constituant un des plus grands dangers de la vigne.

S'il convient de cultiver la vigne en arbrisseau complet et isolé, il convient aussi, non-seulement de laisser entre chaque plant l'espace nécessaire au développement de sa tige et de ses racines, mais il faut encore que partout puissent pénétrer l'air et la lumière, agents indispensables à la formation de la lignine qui est la vie et l'avenir des arbres et des arbustes, ou, en d'autres termes, il faut que le bois soit aoûté pour être dans de bonnes conditions.

Cet espace peut varier de un mètre à un mètre 50 centimètres suivant la qualité du terrain et la force de la végétation, soir 8 à 10,000 plants par hectare.

Ce petit nombre de ceps, loin de diminuer la production comme on pourrait le croire, tend au contraire à l'augmenter ; car chacun d'eux traité d'après ma méthode peut et doit produire de 20 à 30 grappes, ce qui fait en moyenne 225,000 grappes par hectare, tandis que 30 à 40,000 plants, qui peuplent ordinairement un hectare dans les vignobles où l'on provigne, ne donnent généralement que 4 grappes et un total moyen de 140,000 grappes.

Mise en place des plants chevelus

Le terrain étant défoncé, fumé et préparé convenablement, on creuse pour chaque jeune plant chevelu un trou assez large pour pouvoir étaler convenablement les racines, qui doivent reposer à une profondeur de 12 à 15 centimètres au plus, sur un petit monticule au fond du trou fait pour la plantation.

Les racines doivent être légèrement inclinées suivant leur direction naturelle, c'est-à-dire placées presque horizontalement, pour ne les laisser arriver au sous-sol que le plus tard possible ; avec ces précautions on obtient un bon système radiculaire, ce que le vigneron nommerait un bon pivot (1), et qui produit toujours des ceps vigoureux. Mais comme il

(1) Tous les vignerons que l'on consulte sur la vigueur de certains ceps dans une vigne répondent : « C'est qu'il a un bon pivot,» ce qui n'est, à mon avis, qu'un bon système radiculaire, qui permet à la nature, par le hasard d'un plant bien préparé, de faire une jonction sans plaies ni pourriture entre le système radiculaire et le système aérien. Puisque de temps à autre il se montre des ceps plus vigoureux les uns que les autres, pourquoi tous nos efforts ne tendraient-ils pas à avoir tous les ceps avec de bons pivots? Cela n'est pas impossible, puisqu'il s'en forme spontanément.

En cela comme en toute chose, c'est la nature qui agit suivant sa loi ! En un mot, c'est la voix de Dieu qui ne cesse de nous avertir, et peu de gens savent l'entendre.

est essentiel, pour arriver à ce résultat, de n'avoir qu'un seul système radiculaire, pour éviter toute lutte entre la sève ascendante et descendante, il est absolument nécessaire, au moment de la plantation, de couper toutes les racines secondaires qui se seraient formées au-dessus de celles de la base des plants; ces racines, les seules vraies, forment les racines mères.

Beaucoup de personnes ayant lu mes principes de plantation, et ne voulant pas faire de pépinières, ont planté en place en arrosant et buttant chaque plant; j'apprends avec plaisir que leur plantation marche bien. Mais quoique, par ce moyen, on puisse gagner au moins deux années, je recommande cependant les pépinières, seul moyen de reconnaître la véritable qualité des plants.

De tout ce qui précède, il résulte la preuve pratique et théorique qu'il se forme, lorsque le plant a été bien préparé, un organe à l'extrémité des sarments que l'on emploie comme plant; un seul fait va prouver que cet organe n'est pas sans fonctions.

Toutes les personnes qui ont arraché ou fait arracher de la vigne ont pu remarquer que si on laisse en terre le dernier nœud (comme on l'appelle partout) qui se trouvait à l'extrémité du sarment au moment de la plantation, ce nœud ou pivot, qui n'est que le mésophyte, repousse; tandis que, si on l'arrache, les racines laissées en terre n'ont pas la propriété de pousser; c'est une preuve concluante que cet organe n'est pas sans fonctions.

C'est par le défaut de séparation entre la tige et

les racines que les marcottes (*fig. 4*) ne valent pas les crossettes et vivent peu de temps. Cependant, comme je le dis plus loin, on peut s'en servir comme plant en les traitant à peu près comme des chapons. La raison de leur mauvaise végétation, quand on ne prend pas ce soin, est que le mésophyte, qui doit toujours s'établir entre la tige et les racines, est dans ces espèces de plants, comme dans le provignage, après les racines, c'est-à-dire au bout des marcottes des provins, au dernier nœud du bout du sarment

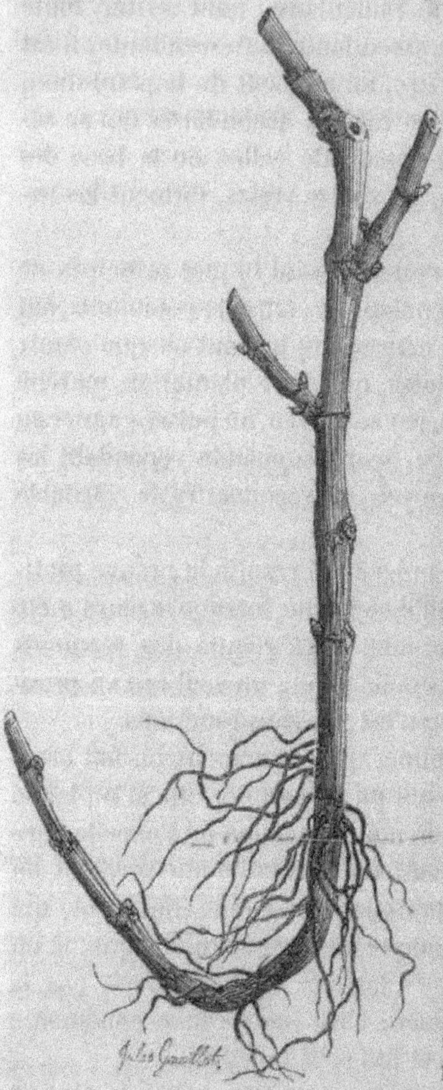

Fig. 4. — Marcotte.

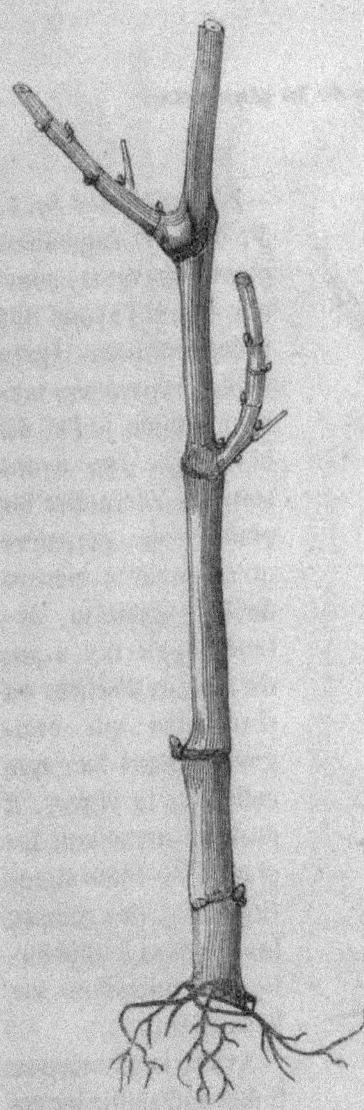

Fig. 5. — Chapon chevelu.

mis en terre (quand il ne pourrit pas). C'est donc un effet tout à fait contre nature que l'on produit quand on agit ainsi, effet qui paralyse continuellement la végétation. Comme je viens de le dire, on peut se servir de marcottes comme plant, en ayant la précaution de les couper au-dessous d'un œil ou nœud d'où sont sorties plusieurs racines (*V.* le trait blanc passé sur la *fig.* 4), et ayant soin de supprimer les racines qui se trouvent au-dessus de celles qui partent auprès de l'œil poussant sur le mérithalle. Bien que ces plants ne vaillent jamais la crossette, souvent ils valent au moins les chapons, et, traités ainsi, ils sont en rapport une année et quelquefois deux plus tôt que les chapons et les crossettes.

Explication de la plantation

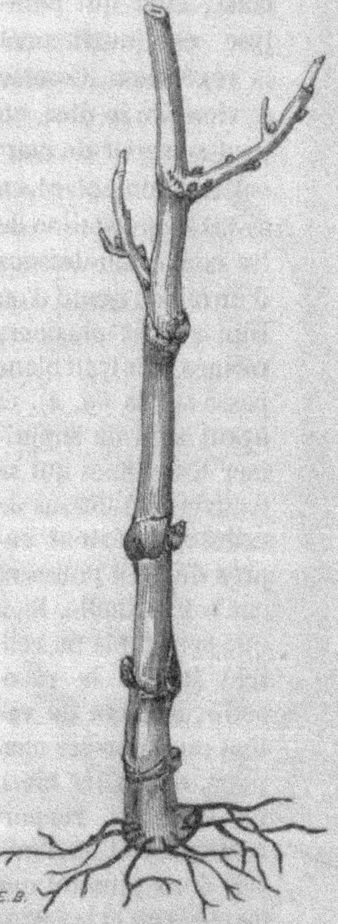

Fig. 6. — Crossette chevelue.

Les sujets des *fig.* 4, 5, 6 et 7 s'appellent plants chevelus, comme nous l'avons dit précédemment. Après avoir préparé son terrain comme je l'ai dit ci-dessus (en ayant soin de n'arracher les plants en pépinière qu'au fur et à mesure de la plantation, attendu qu'il n'y a pas de racines d'arbres ou d'arbustes qui craignent autant l'air que celles de la vigne), il faut, en arrachant les plants, faire bien attention de ne pas rompre les racines à leur insertion ou naissance sur le sarment.

Avant la plantation il faut rafraîchir les racines des plants che-

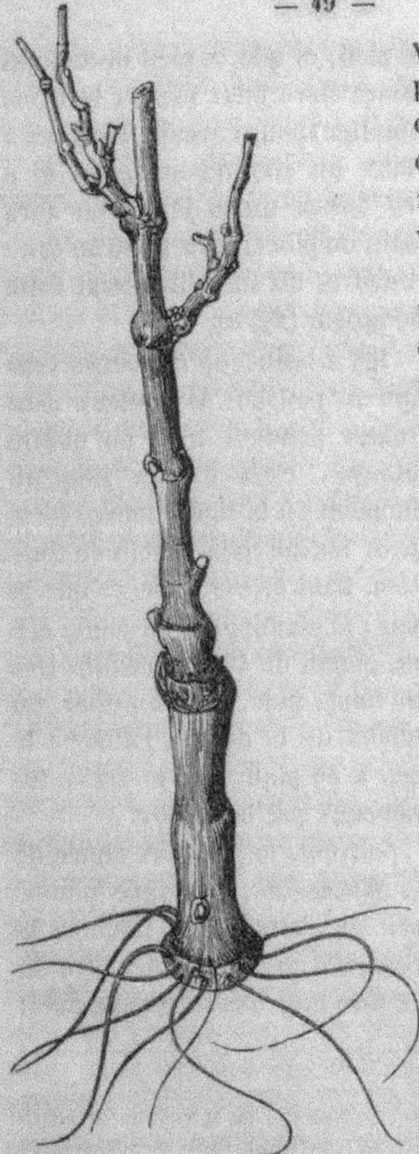
Fig. 7. — Plant chevelu à double système radiculaire.

velus avec une serpette coupant bien, en ne leur laissant qu'une longueur de 10 centimètres environ.

Lorsque la plantation est faite, bien que ce soit avec des plants chevelus, comme ces plants ne sont qu'à une profondeur de 12 à 15 centimètres dans le sol, je les butte comme en pépinière pour faciliter leur reprise la première année.

Culture

PREMIÈRE ANNÉE

Dans le cours de la première année de plantation, si plusieurs jeunes sarmeuts se développent sur le même pied, et que ce pied ne soit pas assez élevé pour former le tronc (ou tige) pour l'avenir, j'engage à faire un ébourgeonnement et à ne laisser qu'un jet qu'on aura soin de pincer (1) à 15 ou 20 centimètres du sol, s'il atteint cette longueur (*fig.* 8).

Il y a beaucoup de jeunes ceps qui ne peuvent se soutenir sans tuteur pendant trois ou quatre années, c'est-à-dire jusqu'au moment où la tige est assez forte pour n'avoir plus besoin de soutien. Dans ce cas, voici ce que je fais : je plante près du jeune cep un piquet de 40 à 50 centimètres de haut; puis, avec un osier, ou mieux un fil de fer, j'attache le cep à ce piquet et je traite les rameaux par la *rupture*.

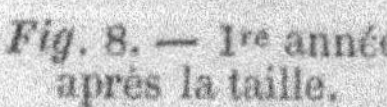

Fig. 8. — 1re année après la taille.

Souvent, la première année de la plantation, la vigne pousse peu et n'atteint pas toujours la longueur voulue pour faire la rupture du jeune sarment à l'état

(1) Je ferai observer ici que c'est à tort qu'on emploie généralement le mot de *pincement* : en réalité, c'est la rupture du bourgeon à l'état herbacé que l'on pratique dans la circonstance actuelle, et non le pincement. Aussi, parlerai-je dorénavant de la rupture et non du pincement.

herbacé. Alors, dans ce cas, il faut, la seconde année, couper à deux yeux au-dessus du sol le seul rameau qu'on a laissé. Au moment de la végétation, il faut choisir celui qui se développe avec le plus de force, pour en former la tige, et abattre l'autre. Je recommande de l'abattre, ou mieux, de le couper avec une bonne serpette, car l'ébourgeonnement à la main, comme on le pratique dans tous les vignobles lorsqu'on brise les jeunes rameaux inutiles qui fourmillent dans la vigne, fait souvent beaucoup plus de mal qu'on ne pense. En cassant les fibres radiculaires de ces jeunes rameaux, qui le plus souvent sont fortement implantés dans le sarment ou souche qui les porte, on ouvre des plaies qui laissent pénétrer l'air, et sont souvent difficiles à cicatriser; tandis qu'en coupant avec un instrument tranchant tous ces inconvénients disparaissent, et les travaux marchent aussi vite.

Le rameau laissé seul, dont je viens de parler, ne peut manquer d'être très-vigoureux; il sera arrêté par la rupture de l'extrémité lorsqu'il aura atteint la hauteur de 20 ou de 25 centimètres au-dessus du sol, en y comprenant le bois ou sarment de la première année.

Il faut arrêter à deux ou trois feuilles, et non les supprimer, les pousses qui naissent sous l'œil de l'aisselle des feuilles quand on rompt le sommet d'un jeune sarment. Je donnerai à ces pousses le nom de sous-œils, parce qu'elles naissent sous l'œil de l'année suivante, et non celui de faux-bourgeons, entre-feuilles, entre-cœurs, etc., qu'on leur donne suivant les localités. En arrachant ces pousses, comme on le fait à tort dans presque tous les vignobles, on annule ou on fait souvent partir l'œil qui doit rester pour la taille de l'année suivante.

Le sommet du rameau arrêté se développe presque toujours : il faut alors en faire la rupture, de nouveau, à trois ou quatre feuilles au-dessus de la première opération. Si les sous-œils développent à leur tour leur sous-œil, ce qui arrive dans les vignes vigoureuses, il faut aussi les arrêter de nouveau à une feuille ou deux. Jamais, par ce travail, aucun œil vrai, qui doit rester pour donner du produit, ne se développe ; les feuilles de la base des jeunes sarments restent attachées au rameau jusqu'au moment de la fin de la végétation ; ce qui fait que, dans les vignes arrêtées, les yeux sont plus francs et plus féconds que dans les vignes à grands sarments.

A l'appui de la fécondité des yeux situés à la base des sarments sur les vignes traitées par la rupture, j'ai à dire que j'ai chez moi plusieurs variétés de cépages qui, à s'en tenir aux idées reçues, ne pourraient produire qu'avec de longues tailles : tels sont, par exemple : les Pineaux, Petit-Noir, le Vert-Doré de la Champagne, le Meiller-Blanc, le Meunier, les Gouets blancs et noirs, divers chasselas, etc. ; *tous ces plants sont taillés à deux yeux, et tous ont des raisins en grande quantité.*

Il importe de vérifier ce fait, car chacun sait que les raisins venus sur les longs sarments, dits longues-tailles, tels que : ploies, couronnes, hastes, courgées, etc., etc., ne mûrissent jamais bien, et donnent des vins de mauvaise qualité. Nous en avons été témoin dans un vignoble de la Champagne en 1857, année où tous les raisins des tailles ordinaires mûrissaient en donnant une qualité renommée au vin; tandis que les raisins provenant de longue taille auraient pu être vendangés dans des sacs, sans crainte de perdre le jus des raisins trop mûrs.

DEUXIÈME ANNÉE

Au moment de la végétation, au printemps, tous les yeux, depuis le sol jusqu'au sommet de la tige, se développent. Alors, au lieu d'abattre toutes ces productions afin de faire, comme on l'appelle, l'ébourgeonnement, et de ne laisser au sommet de la tige, que deux rameaux qui étant seuls, prendraient un accroissement démesuré, il faut laisser pousser tous les rameaux qui, comme je viens de le dire, se développent depuis le sol jusqu'au haut de la nouvelle tige; il faut ensuite les arrêter par la rupture à trois ou quatre feuilles. Les deux derniers rameaux du sommet de la tige seront traités de même; seulement, au lieu de les pincer à trois ou quatre feuilles, on pourra, si on le veut, les laisser s'allonger un peu plus, afin de voir si on aperçoit des grappes, auquel cas on les arrêtera, par la rupture, à une feuille au-dessus de la dernière grappe de chaque rameau. On pourrait en agir ainsi au sujet de tous les rameaux qui se développent le long de la tige ; mais j'ai remarqué que ce produit prématuré épuise les jeunes tiges et gêne, par la suite, la force de la végétation des ceps.

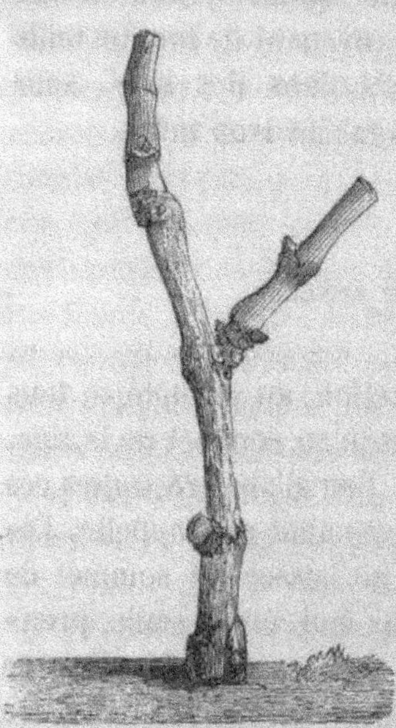

Fig. 9. — 2e année après la taille.

Lors de la deuxième année (*fig.* 9), au moment de la taille, à l'automne ou au printemps, les jeunes ceps qui auront été taillés, la première année, à 18, 20 ou 25 centimètres au-dessus du sol (*fig.* 9), seront traités de la manière suivante. A l'aide de la serpette ou du sécateur il faudra couper, le plus près possible du principal rameau ou tige, tous les rameaux qui se seront développés l'année précédente, de la base au sommet, à l'exception des deux du haut (*fig.* 9), et au moment de la végétation, au printemps, ces deux rameaux seront traités comme il va être dit ci-après. Rappelons-nous que les deux sarments ainsi laissés ont dû être taillés chacun à deux yeux, ce qui a dû donner quatre rameaux principaux. Ceux-ci seront arrêtés à une feuille au-dessus de la deuxième grappe. Les rameaux qui ne doivent pas avoir de grappes sont faciles à reconnaître, en ce que, à la place de grappes, il pousse des vrilles.

Comme la vrille n'est autre chose qu'une grappe avortée, chaque fois qu'on aperçoit une vrille sur un jeune rameau, on peut être certain qu'il n'y aura pas de grappes; alors on peut arrêter le rameau au-dessus de la première vrille : c'est comme si on l'arrêtait à une feuille au-dessus de la première grappe.

TROISIÈME ANNÉE

A la troisième année (*fig. 10*), la tige commence à prendre de la force. Au moment de la taille, il faut, comme l'année précédente, couper les faux-bourgeons, les rameaux qui ont été laissés pour le produit, etc., et tailler les sarments que l'on conserve pour faire la taille à deux yeux. On doit laisser des coursons, au nombre de deux, de trois ou de quatre, suivant la force de la tige ou tronc. Chaque sarment ou courson doit être taillé à la distance d'un mérithalle au-dessus du dernier œil que l'on conserve. (On appelle mérithalle l'intervalle d'un œil à l'autre.)

Au moment de la taille, à l'automme ou au printemps, il faut, comme je viens de le dire, débarrasser la tige des pousses inutiles qui auraient été laissées pour le produit, en ayant soin de couper assez près de la tige. Ceux qui connaissent le mode de végétation de la vigne savent que, malgré la précaution que l'on prend de couper aussi près que possible de la tige, il se développe presque toujours une quantité de petits rameaux que l'on est obligé d'enlever, opération que l'on nomme partout l'ébourgeonnage, ou mieux l'ébourgeonnement. Au lieu de faire cet ébourgeonnement à la première ascension

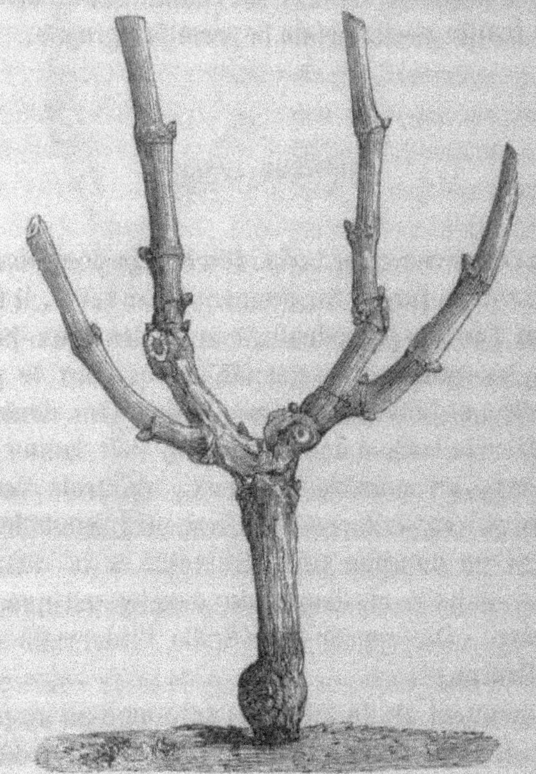

Fig. 10 — 3ᵉ année après la taille.

de la séve, comme cela se pratique ordinairement, je conseille de ne le faire que douze ou quinze jours après la rupture ou pincement des principaux bourgeons ou pousses de l'année. Le mode qui m'a toujours réussi le mieux, c'est de n'opérer l'ébourgeonnement qu'au moment où la fleur commence.

Cependant, sur les vieilles souches de vignes, il se développe souvent un si grand nombre de bourgeons inutiles qu'il devient utile, pour donner de la force aux bourgeons fructifères, de faire un ébourgeonnement partiel avant la fleur : dans ce cas, on ôte de préférence les bourgeons du bas de la souche.

Quand on fait l'ébourgeonnement, il faut avoir soin de conserver les petits rameaux ayant des grappes, qui souvent se trouvent le long de la tige. Ces petits rameaux, que l'on pourrait avec raison appeler les *cochonnets* ou bouquets de mai de la vigne, poussent peu et donnent toujours de très-beaux produits. Il faut aussi, au moment de l'ébourgeonnement, laisser, à l'endroit où on a taillé, plusieurs rameaux souvent sans produit, et qui, l'année suivante, doivent servir à continuer, à rabattre ou à commencer les têtes des ceps, suivant les circonstances.

Au moment où je parle de l'ébourgeonnement, je dois faire observer que je vois avec peine, dans presque tous les vignobles, que ce travail, plus sérieux que l'on ne pense généralement, est livré aux mains des femmes et des enfants et presque toujours fait sans discernement.

Cependant, pour bien faire l'ébourgeonnement, il faut distinguer les bourgeons de nature et de valeur si diverses qui se développent sur un cep.

Il y a : 1° le bourgeon principal, sorti des yeux qui

ont été conservés au moment de la taille, que l'on nomme dans plusieurs localités *bourgeon vrai*;

2° A la même insertion, au même point de départ que le bourgeon vrai, il se développe souvent un deuxième bourgeon que l'on nomme *contre-bourgeon*;

3° A la base des coursons, à l'insertion du sarment ou bois de deux ans, il se développe souvent des végétations que l'on nomme *sous-bourres*;

4° Sur les vieilles souches et par tout le corps des ceps, il se développe souvent des végétations qui, étant improductives, en général, pendant plusieurs années, ont reçu le nom de *faux-bourgeons*;

5° A l'insertion des sarments d'un an, de deux et plus, et sur le corps des ceps, on trouve assez souvent de petites végétations munies de grappes que, à raison de leur végétation tardive et de leur produit, on nomme *bouquets de mai*;

6° Sur les bourgeons de l'année, entre la feuille et l'œil qui se forme pour l'année suivante, il se développe une végétation que l'on nomme *sous-œil*.

Telles sont les végétations qu'il est indispensable de connaître pour bien faire l'ébourgeonnage. Je vais passer en revue, par un résumé, les opérations à faire subir à chacune d'elles.

Quelque temps après la végétation, aussitôt l'apparition des grappes, le bourgeon vrai et le contre-bourgeon seront arrêtés par la rupture à une feuille ou deux au-dessus de la dernière grappe du haut du jeune bourgeon; la sous-bourre et le faux-bourgeon, s'ils prenaient de la force en poussant vigoureusement, seront aussi arrêtés par la rupture.

Au moment de l'ébourgeonnement, si les bourgeons vrais ont assez de grappes, on enlèvera à la serpette, comme je l'ai déjà dit, les contre-bourgeons, les sous-bourres sans grappes, ainsi que les faux-bourgeons. Les sous-bourres et les faux-bourgeons avec des grappes seront toujours conservés. Ainsi que je l'ai dit plusieurs fois, c'est sur ces sortes de végétations que se trouve toujours le meilleur produit.

En aucune circonstance et pour quelque raison que ce soit, on ne doit enlever les sous-œils : il faut les arrêter par la rupture à deux feuilles, mais non les arracher. Tous les écrivains viticulteurs anciens et modernes, qui ont recommandé ce travail, font enlever, sans s'en douter, la récolte de l'année suivante. O routine et fausse théorie des hommes gantés qui se prétendent praticiens ! quand fera-t-on justice de vous, et dans quel siècle arrivera-t-on à comprendre *que la nature n'emploie pas d'instruments inutiles ?*

QUATRIÈME ANNÉE

La quatrième année (*fig. 11*), au moment de la taille, il faut enlever, avec la serpette ou le sécateur, tous les sarments inutiles ou qui sont de trop (suivant la force du cep), ainsi que les sous-œils ou faux-bourgeons et les bouquets de mai, qui, l'année précédente, se sont développés, et que, au moment de l'ébourgeonnement, on a laissés sur la tige pour le produit. Alors, la tige étant nettoyée, il faut tailler les sarments laissés sur chaque tête des ceps. Ces sarments, s'ils ont été bien préparés, doivent, après la taille, former un rond semblable à une coupe évasée ; ils doivent être au moins au nombre de trois, quatre et quelquefois cinq, qui, étant taillés à deux yeux, fourniront six, huit et souvent dix rameaux pour l'année suivante.

Au printemps, au moment de la végétation, il faut, comme l'année précédente, attendre que chaque rameau ait développé ses grappes pour commencer la rupture ou pincement. Les rameaux qui n'ont pas de grappes doivent être arrêtés, comme les autres, à la même hauteur. J'ai dit plus haut qu'il est facile de reconnaître les rameaux qui se trouvent dans ce cas, vu qu'à la place des grappes ils montrent des vrilles. Ensuite, au moment où la fleur commence, ce qui a souvent lieu de douze à vingt jours après la première opération, on fait l'ébourgeonnement, en ayant soin de laisser sur la tige les bouquets de mai (rameaux qui ont une ou deux grappes).

A sa quatrième année de plantation, la vigne est presque formée. Il est certain que, quelques jours après l'ébourgeonnement, les sous-œils ou faux-bourgeons se développent avec force, attendu que le système radiculaire, s'il est bien formé, aura développé beaucoup de racines, et que la tige aura également pris assez de force pour se soutenir d'elle-même.

Les faux-bourgeons, voisins du sommet de chaque rameau pincé, qui se développent lorsque la vigne est vigoureuse, doivent être pincés ou mieux rompus aussitôt qu'ils ont atteint la longueur de deux ou trois feuilles; par ce travail les sous-œils du sous-œil

Fig. 11. — 4e année après la taille.

se développeront, ils subiront la même opération, et ainsi de suite jusqu'au 15 juillet pour le climat du centre de la France. Ce travail n'est utile que pour les jeunes vignes et celles très-vigoureuses que souvent on taille sans laisser un assez grand nombre de coursons. La deuxième opération (le pincement), ainsi que les suivantes, font prendre de la force au raisin, qui s'empare, pour en faire son profit, de la sève ainsi concentrée par ces arrêts momentanés. Souvent, après la seconde rupture, les vignes de faible végétation ne donnent plus que de faibles pousses; mais les vignes de forte végétation repoussent souvent assez pour obliger à faire le travail ci-dessous décrit; lequel travail n'a lieu que pour lès jeunes vignes très-vigoureuses. Quel que soit le nombre d'arrêts que l'on fasse subir aux rameaux et sous-œils, ce travail doit toujours être fait à l'état tout à fait herbacé; en aucun cas on ne doit rompre un sarment ligneux. Si l'on se trouvait en retard pour faire la seconde rupture dite des sous-œils, comme les sous-œils développent aussi leurs sous-œils, on peut, comme je l'ai dit dans mon tableau résumé, couper le sous-œil près de son sous-œil, en ayant soin de ne pas arrêter ce dernier (1).

Ces opérations seront terminées vers la fin de juillet, et à une époque antérieure dans les climats plus chauds où on les aura commencées auparavant. Ainsi, supposons que la vigne entre en végétation du 1er au 15 avril : 1° il faudra attendre une quinzaine de jours, jusqu'à ce que les rameaux aient développé leurs grappes, pour pouvoir faire le premier arrêt ou

---

(1) Pour plus de renseignements sur les opérations à suivre pendant le cours de la végétation, voir mon tableau résumé, cep lithographié avec texte, prix : 50 cent., *franco* 60 cent., chez l'auteur, et chez A. Goin, libraire, rue des Ecoles, 82.

rupture du bourgeon herbacé, ce qui conduira aux quinze premiers jours du mois de mai ; 2º on mettra une distance de douze à quinze jours, quelquefois vingt jours, entre la première opération et l'ébourgeonnement : ce dernier ne doit se faire qu'au moment de la fleur, qui, aux environs de Paris, n'a lieu le plus souvent qu'en juin ; 3º après l'ébourgeonnement, les sous-œils ou faux-bourgeons se développent rapidement : il faut alors en faire l'arrêt, comme je l'ai dit. Après cet arrêt, la vigne reste pendant quelque temps comme en stagnation de végétation, ce qui conduit jusqu'au mois de juillet.

Ces opérations terminées, il n'y a plus rien à faire jusqu'à ce que le raisin commence à mûrir, excepté pour les vignes tout à fait vigoureuses, qui exigent quelquefois un troisième arrêt ou rupture.

Alors vient la dernière opération à faire, qui, comme les précédentes, demande peu de temps. Elle consiste à couper tous les sous-œils ou faux-bourgeons, à un œil de la base de leur insertion, ou mieux en ne laissant qu'une feuille à partir de cette même insertion. J'ai remarqué qu'un bon sécateur ou une serpette coupant bien sont les meilleurs outils qu'on puisse employer pour cette opération.

Tous les sous-œils qui se sont développés le long de chaque rameau étant coupés à une feuille, à l'exception d'un ou de deux par le haut, qui sont utiles pour continuer la végétation, le fruit a de l'air ; le soleil projette ses rayons entre chaque rameau et pénètre à l'intérieur des têtes de chaque cep ; le raisin mûrit mieux et plus vite que quand il est serré, ombragé et gêné par des attaches quelconques.

CINQUIÈME ANNÉE

Lors de la cinquième année (*fig.* 12), quand les sujets sur lesquels on opère ont bien poussé, la vigne doit être formée. La tige, étant alors assez forte, peut se passer de soutien. On doit, à la taille, calculer le nombre de coursons à laisser, suivant la force de la tige ou tronc, ainsi que je l'ai dit plus haut. J'en ai souvent laissé jusqu'à dix qui, étant taillés à deux yeux, m'ont donné de quinze à vingt rameaux, dont la plupart avaient deux grappes : aussi se passe-t-il peu d'années sans que je possède des ceps ayant trente ou quarante grappes. Cette quantité de produit, qu'on obtient par l'effet de l'arrêt des rameaux qui ne laisse pas dépenser en pure perte une végétation inutile, n'altère en rien les ceps pour les années suivantes. Au printemps de chaque année, je vois avec plaisir de vigoureux rameaux, avec deux ou trois grappes, se développer sur ces mêmes ceps qui, l'année précédente, m'ont donné un si beau produit.

La vigne étant formée, il ne reste plus qu'à suivre les principes ci-dessus décrits. Au fur et à mesure que la tige prend de la force, on doit augmenter le nombre des coursons en agrandissant les têtes qui, à la taille en sec de l'automne ou du printemps, doivent représenter, comme je l'ai dit, la forme d'une coupe évasée, s'ils ont été réellement bien traités.

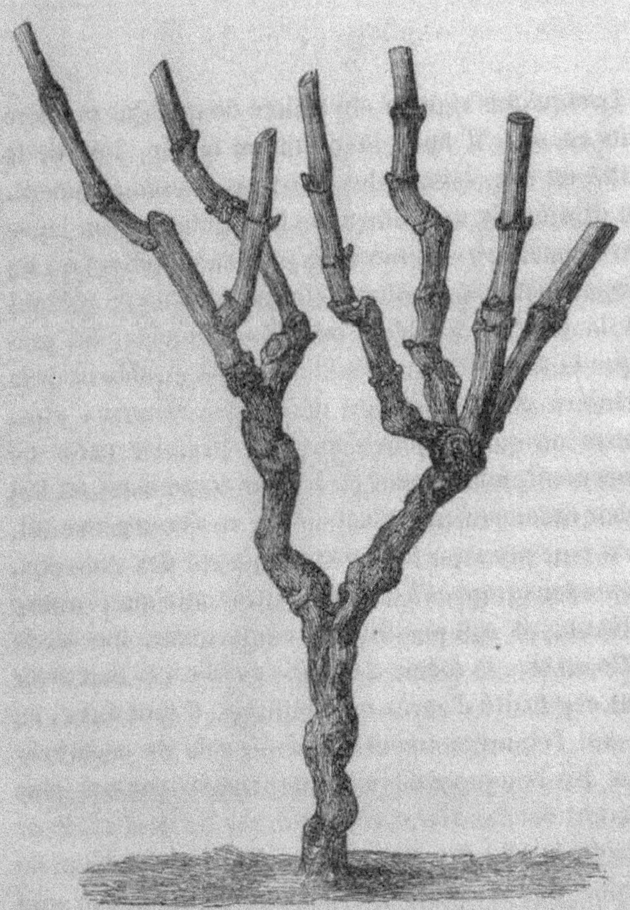

Fig. 12. — 5e année après la taille.

Manière de ramener les vignes traitées par les diverses cultures aux principes que je viens de décrire.

Lorsqu'une vigne a été traitée de quelque manière que ce soit, il faut, la première année, lors de la taille en sec, laisser des coursons raisonnablement. Au printemps, au moment de la végétation, on laisse développer tous les rameaux jusqu'au moment où les grappes paraissent. Alors, comme je l'ai dit en traitant de la culture des trois premières années, on pratique la rupture à une feuille ou deux au-dessus de la dernière grappe du haut de chaque rameau ; puis, douze ou quinze jours après ce premier arrêt ou pincement, au moment où la fleur commence, on fait l'ébourgeonnement. C'est alors, en ébourgeonnant, qu'il faut préparer les ceps en laissant des rameaux, même sans grappes à défaut d'autres, afin que, l'année suivante, il soit possible de commencer, lors de la taille en sec, la forme de coupe évasée que doit avoir tout cep traité d'après ma méthode. Il faut aussi, en faisant l'ébourgeonnement, avoir soin de conserver tous les bouquets de mai : on trouve ceux-ci plus souvent sur les vieux ceps que sur les jeunes. Pour rétablir la tête des ceps, au cas où on a été obligé de garder des rameaux qui partant de la souche sont laissés jusqu'à la hauteur du sommet des tiges déjà existantes, c'est-à-dire ayant 20 ou 25 centimètres de haut, il faudra traiter ces ceps cette année et les années suivantes comme une jeune vigne. Puis, si ce

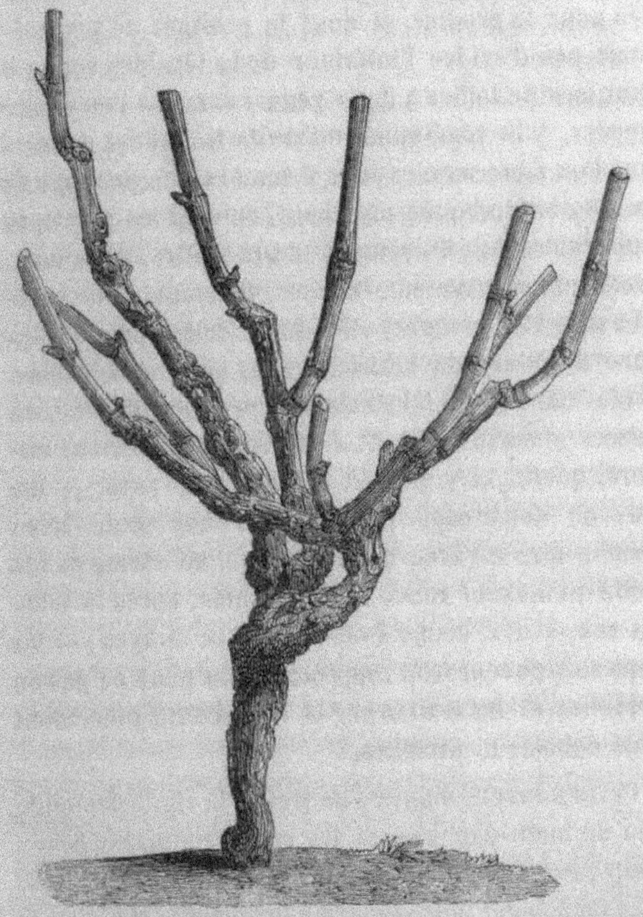

Fig. 13. — Cep formé après la taille. — Vigne rétablie.

jeune sarment est trop faible pour se soutenir, on lui mettra un tuteur pendant trois ou quatre années.

La deuxième année du rétablissement d'une vigne, il faut, au moment de la taille en sec, supprimer tous les rameaux qui, l'année précédente, avaient été laissés pour le produit, et dont la position ne permettrait pas d'évider l'intérieur de la tête des ceps ; il faut ensuite tailler à deux yeux ceux que l'on désire garder. A la végétation, on traite les jeunes pousses que l'on a conservées pour former la tête des ceps de la manière indiquée plus haut, suivant les principes applicables respectivement aux première, deuxième, troisième et quatrième années. Souvent, pour rétablir une vieille vigne, afin de la traiter par la rupture du bourgeon herbacé, sans emploi d'échalas, il faut, au lieu de ne conserver qu'une seule tige, en laisser plusieurs partant de la souche. Souvent encore, quand la vigne est plantée trop près, je me sers de deux ceps pour former une seule tête ; c'est-à-dire qu'avec deux ceps je ne forme par la taille qu'un seul rond, qui ressemble, aprés la taille en sec, à une coupe évasée. Par ce moyen, si les ceps se trouvent trop rapprochés, on peut ne pas en arracher et les traiter par la rupture ou pincement sans échalas ni attaches.

Cette nouvelle manière de traiter la vigne demande peu de main-d'œuvre, et les ceps produisent beaucoup plus qu'étant attachés, parce que l'air passe plus facilement entre les rameaux libres ; de plus, le raisin mûrit plus vite. Si la maladie (l'oïdium) atteint la vigne, le soufrage se fait partout avec la plus grande facilité. En 1854, j'ai fait le soufrage à sec, sur une plantation de cinq ares, en moins de trois heures.

Transformation des vieilles vignes en jeunes vignes; repeuplement des places vides

Si le problème d'avoir toujours de jeunes vignes était résolu, il est certain que l'on aurait rendu un grand service à la viticulture; surtout si, en faisant la transformation de vieilles vignes en jeunes, on ne manquait jamais de récolter. Je ne prétends pas avoir atteint complétement ce but tant désiré des viticulteurs en général; cependant, je ne puis passer sous silence les résultats obtenus par un grand propriétaire de vignes, M. Brenier, résultats qui sont le fruit de nos études en commun, et qui méritent, selon moi, d'être étudiés par les viticulteurs.

Je n'ai pas besoin de le répéter : à mon avis, toute végétation ne peut être bonne qu'à la condition d'un bon système radiculaire ; or, quel que soit le moyen employé, si l'on parvient à atteindre ce but, on a réussi.

On se rappelle, sans doute, qu'au commencement de cet ouvrage j'ai dit, en parlant des marcottes comme plant : « Ces plants ne valent presque jamais « rien, attendu qu'ils ont un bout sans racines, et « que, si on les plante sans les couper près d'une « couronne de racines et près d'un œil, le méso-

« phyte, ou recouvrement par un bourrelet du bout « des plants, ne peut avoir lieu; alors, le mésophyte « artificiel manque, et le plant languit. » Cependant, je dis un peu plus loin : « On peut se servir des mar- « cottes comme plant, en les disposant, avant de « les planter, de manière à en faire à peu près des « chapons, » et j'indique le moyen que j'emploie depuis plusieurs années et qui me réussit assez pour que j'aie obtenu, sur des ceps ainsi traités, huit, dix et même onze grappes de raisin par cep, à la troisième année de végétation, sur le bois de deux années. Ceci est un assez beau résultat, qui prouve une fois de plus qu'en venant en aide à la nature on est toujours récompensé. Si donc, en coupant un plant près d'un œil où se trouve une couronne de racines, on a un plant vigoureux, tout en l'arrachant et en le replantant, celui-ci, n'étant pas arraché et étant traité convenablement, ne peut donner un moindre résultat. Partant de ce principe, nous nous sommes mis à l'œuvre, et, dans de vieilles vignes plusieurs fois provignées, nous avons fait faire des défoncements en coupant les vieilles souches qui se trouvaient aux endroits où l'on défonçait le terrain. Ce défoncement doit se faire, pour la profondeur, suivant les règles que j'indique à l'article *plantation*; quant à la distance, il faut toujours que l'on ait 80 centimètres à 1 mètre carré, afin que, plus tard, lorsqu'on défoncera les parties qui avoisinent le plant (ainsi que je vais le dire), on ne coupe pas trop les racines. Il est bon d'observer que l'on ne doit faire de défoncement que près d'un endroit où il y a un grand sarment qui peut être mis en terre sans être détaché de la souche, comme on peut le voir *fig. 14*. Le terrain étant alors défoncé et amendé ou fumé convenablement, on opère de la manière suivante, comme l'indique la *fig. 14*. On fait un trou en terre de 15 à 18 centimètres de profondeur; on relève le grand sarment le long de la vieille souche; on le courbe ensuite jusqu'à ce qu'il touche le fond du trou; puis on relève le bout de ce grand sarment. Ce travail doit se faire de manière que la partie descendante du sarment soit d'un côté de la paroi du trou, et que la partie remontante soit contre la paroi opposée, de telle sorte que, dans le fond du trou, ce sarment forme l'anse de panier renversée; autrement, si on relevait ce sarment trop brusquement, on le romprait, et le résultat serait certainement moins bon. Il faut bien observer aussi qu'il doît se trouver un œil à la base de la partie du sarment qui se relève, c'est-à-dire au commencement de sa direction verticale; c'est près de cet œil que se formera une couronne de racines qui, l'année suivante, servira à faire un nouveau plant, lequel ne sera pas arraché. Lorsque le trou est comblé et que le sarment est recouvert de terre sur la partie recourbée, il faut le tailler à deux ou trois yeux au plus, hors de terre, sur la partie relevée, comme cela est indiqué par un trait fait au-dessous du quatrième œil.

Au moment de la végétation, au printemps, il ne faut rien laisser pousser sur la partie du sarment qui descend en terre; il faut éborgner, c'est-à-dire abattre les yeux aussitôt qu'ils se développent : ce

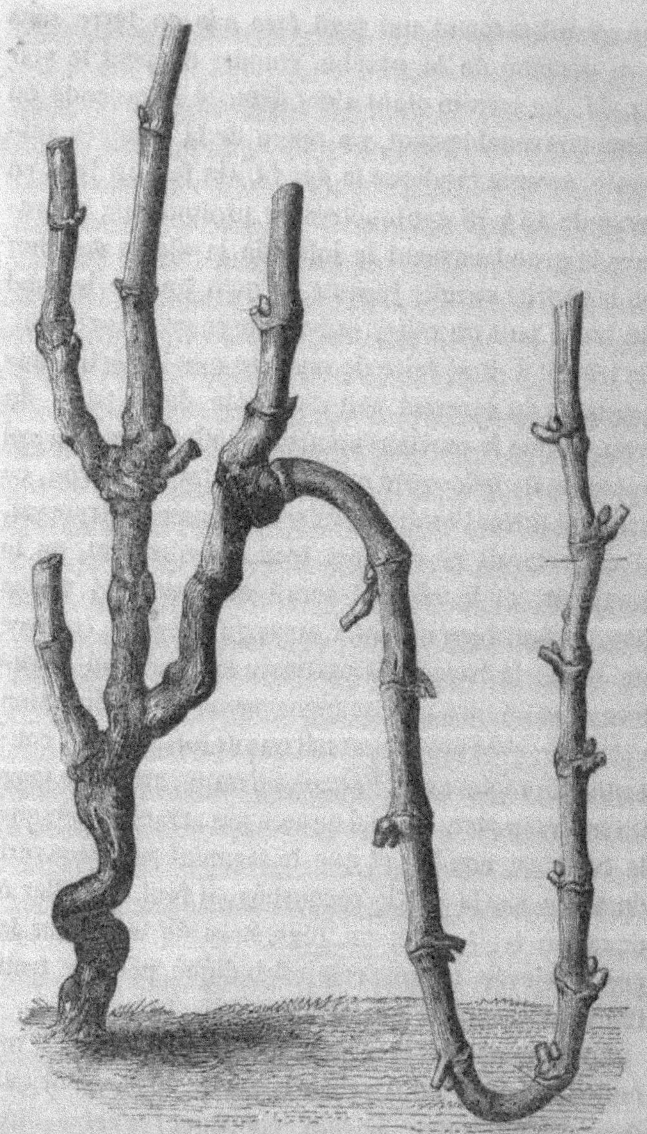

Fig. 14. — Cep de vigne rajeuni.

travail force la séve à se porter avec plus de force dans la partie relevée.

Les deux ou trois yeux qui sont laissés sur la partie relevée doivent être traités par la rupture ou pincement, de la manière suivante : au moment de la végétation, lorsque chacun des rameaux a développé ses grappes, il faut l'arrêter à une feuille ou deux au-dessus de la dernière grappe du haut de chaque rameau, puis suivre, pendant la végétation, les indications que je donne pour les deuxième, troisième et quatrième années.

L'année où l'on fait la marcotte, il faut lui donner un tuteur, puis l'attacher après celui-ci avec un osier. Souvent, comme pour les jeunes plants, ce tuteur a besoin de rester trois et même quatre années, jusqu'à ce que la tige ait assez de force pour se soutenir seule. Les petits échalas, ceux même qui se trouvent cassés en deux, suffisent pour cet usage.

L'année de la mise en terre de la marcotte, à l'époque de l'automne ou au printemps de l'année suivante, on peut la séparer de la mère. Il faut même, de toute nécessité, opérer cette séparation, attendu qu'en la laissant deux années sans la détacher de la mère elle épuiserait cette dernière, et le nombre et la force de ses racines tendraient plutôt à diminuer qu'à augmenter.

Pour opérer la séparation, voici comment il faut s'y prendre : avec un hoyau, une bêche ou tout autre outil, on fait un trou sur le côté de face de droite ou de gauche, en descendant en terre un peu plus bas que la partie courbée ; puis, avec une serpette ou un sécateur, lequel est beaucoup plus commode, on coupe près de l'œil qui se trouve à la base de la partie relevée, si toutefois il y a là une belle couronne de racines (voir la *fig. 14*, où se trouve un trait fait en terre). En résumé, comme on peut visiter le plant sans l'arracher ni le déplacer, il faut de préférence couper toujours au-dessous d'un œil, mais au-dessous de l'œil où il s'est développé le plus de racines. L'année de séparation, ce jeune plant poussera peu, mais assez pour donner du produit et pour former à la deuxième année un plant vigoureux. Si on peut ainsi former des jeunes plants à volonté sans manquer une seule année de récolter, il est facile de ne plus avoir de vieilles vignes.

Le repeuplement des places vides peut aussi se faire de la même manière, en ayant soin, toutefois, de garder un long sarment, afin de pouvoir marcotter à la place qu'il doit occuper par la suite.

Pour arriver à transformer les vieilles vignes en les rajeunissant, je pense que le moyen le plus facile et le plus prompt serait de faire des tranchées de 1 mètre de largeur, soit en long, soit en travers de la pièce de vigne à rajeunir ; puis de laisser entre chaque tranchée 2 mètres de distance, sur lesquels on ne ferait pas de défoncement. Les ceps qui se trouveraient dans cette partie de terrain non défoncé serviraient, avec leurs longs bois, à faire des marcottes dans la partie défoncée ; puis, à la troisième année, les nouveaux plants pourraient, à leur tour, fournir de longs bois, afin de faire des marcottes après le défoncement des parties qui n'auraient pas été défoncées lors de la première opération.

On voit, par ce simple exposé, que l'on peut rajeunir les vignes pour ainsi dire à volonté. Un avantage non moins grand, c'est qu'on peut ne pas garder de mauvais ceps, et qu'en arrachant un cep, on peut, à la place qu'il occupait, faire le défoncement du terrain, sans crainte de trouver des souches en terre, ce terrain n'étant plus sillonné par une masse de sarments, à mon avis inutiles.

Quelques viticulteurs ont cru remarquer que les rajeunissements faits avec la sautrelle ne valaient pas ceux faits avec de bons plants crossettes, ayant passé une année en pépinière, et pris sur de jeunes ceps de 4 à 8 ans. J'ai essayé ce moyen, et dans des places vides, après l'arrachage de vieux ceps, j'ai planté de bons plants chevelus qui ont très-bien poussé, et à la troisième feuille sur le bois de deux ans m'ont donné des raisins, il faut l'avouer, plus beaux que ceux des plants provenant des sautrelles; mais en faisant le rajeunissement avec des plants chevelus, il faut savoir attendre le produit sérieux pendant trois ans. Je laisse donc aux propriétaires le soin de faire comme moi des essais répétés, avant de me prononcer sur le meilleur des deux moyens.

De la coulure

La coulure du raisin a des causes dont je n'ai vu nulle part une explication satisfaisante.

La principale, à mon avis, vient de l'absence du style dans la fleur de la vigne. Le style est, comme on sait, cette sorte de pédoncule qui relie, dans le pistil, le stygmate à l'ovaire.

Il résulte de cette disposition organique une surface concave au lieu d'une colonnette, et l'on comprend dès lors que la pluie et le brouillard restent dans la concavité du pistil, et n'en peuvent être délogés par le vent aussi facilement que d'un stygmate armé d'un long style.

D'où, comme conséquence naturelle, l'impossibilité pour le pollen de venir se mettre en contact avec le stygmate, et, par contre, l'impossibilité d'opérer la fécondation.

Aussi ne suis-je pas de l'avis de ces personnes qui craignent, lors de la floraison, d'entrer dans leurs vignes, après une pluie ou un brouillard. Je suis, au contraire, entièrement d'accord, à ce sujet, avec un viticulteur bourguignon, M. Petitjean, qui prétend qu'on ferait très-bien de s'armer d'un bâton matelassé et d'en aller frapper légèrement le pied de chaque cep, opération qui, bien certainement, empêcherait ou atténuerait beaucoup la coulure (1).

On peut encore assigner d'autres causes à la coulure.

La première vient d'un soleil trop ardent après une petite pluie; dans ce cas le soleil sèche l'eau retenue sur le stygmate et en bouche l'orifice.

---

(1) Le cordage des blés est une opération analogue dont l'utilité n'est pas contestée.

La seconde a lieu, en temps de sécheresse, par l'effet prolongé d'un soleil brûlant. Si alors on veut observer attentivement ce qui se passe, on voit que le stygmate, à peine débarassé de la corolle et mis en contact avec les rayons solaires, se flétrit et sèche.

Enfin, en troisième lieu, la coulure peut être sérieusement occasionnée par les chicots et les onglets qui, donnant naissance à des parties mortes dans les souches, entravent l'ascension de la sève au moment où la vigne en a le plus besoin.

Nulle part les vignes ne sont plus exposées à la coulure qu'en Champagne, mais nulle part non plus le provignage n'est aussi en honneur que dans ce pays !...

Dans les années où la vigne est exposée à la coulure par suite des intempéries du printemps, la rupture du bourgeon à l'état herbacé ou pincement peut contribuer à y porter remède. En effet, cette rupture, après un arrêt momentané de la sève, donne de la consistance aux rameaux et renforce naturellement les grappes, qui alors se développent avec plus de rapidité et se disposent à fleurir plus tôt. Il résulte du phénomène qui se passe alors, un effort végétatif qui nécessairement atténue la coulure et ses effets.

Le pincement a encore un autre mérite, c'est d'empêcher, par le rapide développement de végétation qu'il opère, le ver appelé dans bien des endroits *ver de nil*, *cochilis* ou *pyrale* de la grappe, d'occasionner autant de dégâts; cet insecte, lors de l'apparition de la grappe, et un peu avant la floraison, enveloppe plusieurs graines par de petits filaments en forme de toile d'araignée et s'en nourrit. On comprendra facilement que, la végétation étant hâtée par la rupture, cet insecte n'aura pas le temps de s'établir sur la grappe, parce qu'au moment de son travail, la vigne sera défleurie, et qu'il ne trouvera plus alors les éléments convenables à sa nutrition.

En résumé, la coulure, dans les vignes pincées, n'a pas le temps de faire autant de progrès. Cette opération de la rupture des jeunes rameaux, qui aurait dû être pratiquée au début de la culture de la vigne, si la vie de ce végétal avait été mieux étudiée, se trouve ainsi expliquée par M. Bailly de Merlieux, dans l'*Encyclopédie portative*, tome II, page 53 : « Cette opé-« ration, dit cet écrivain, consiste à accumuler la « séve dans les organes ; et si elle arrête la coulure, « c'est parce qu'elle concentre l'action de l'acide « carbonique et de la chaleur dans ces mêmes or-« ganes. »

De la gelée

La gelée est bien souvent, au printemps, un grand fléau pour les viticulteurs ; aussi s'est-on beaucoup occupé de cette question depuis plusieurs années, et il s'est naturellement produit à ce sujet bien des systèmes contradictoires. Les uns ont prétendu que la vigne gelait de bas en haut; les autres, de haut en bas ; d'autres, enfin, du nord au sud.

Toutes ces opinions ont eu pour résultat l'essai d'une foule de systèmes aussi infructueux et aussi impossibles les uns que les autres.

Pour ce qui me concerne, je ne me suis jamais demandé comment la vigne gelait; ce que je sais, ce que l'expérience et l'observation m'ont démontré positivement, c'est que les vignes basses, c'est-à-dire celles rapprochées du sol par l'effet de la taille, gèlent facilement, tandis que les vignes plus élevées au-dessus du sol, celles qu'on appelle vignes sur souches, sont beaucoup moins maltraitées.

Il est un fait incontestable, c'est que si, sans s'inquiéter de savoir comment la gelée se produit, l'on pouvait garantir les pieds gelés contre l'action du soleil levant, au moyen d'abris quelconques, toiles, paillassons, feuilles, branchages, etc., etc., on en éviterait ainsi toutes les conséquences et tous les inconvénients: la gelée, en se fondant tout doucement, se transformerait en rosée, et la nouvelle pousse ne serait pas attaquée. Mais ce remède est inapplicabledans la grande culture, et il présenterait les plus grands embarras pour le remisage des abris pendant au moins neuf mois de l'année, outre l'augmentation du prix de main-d'œuvre qu'il entrainerait.

On préconise beaucoup en ce moment une méthode préservative, d'une exécution facile et peu coûteuse; mais je n'en parle ici que pour mémoire, n'ayant pas eu l'occasion moi-même de l'expérimenter. J'engage, toutefois, les viticulteurs à en faire l'essai, parce que, s'il y avait réussite, ce serait un progrès immense qui entraînerait des conséquences incalculables. Ce moyen consiste, à l'époque où la gelée est à craindre, à semer à la volée, dans les vignes, du plâtre cuit, comme cela se pratique pour les prairies artificielles. On voit combien cette méthode serait expéditive et quelle mince dépense elle occasionnerait, puisque partout en France le plâtre se trouve en abondance et à bas prix. Bien que jusqu'alors je n'aie pas trouvé un moyen certain de garantir la vigne de la gelée, je n'en ai pas moins la certitude qu'elle se fait plus sentir dans les terrains nouvellement remués que dans ceux dont les labours sont faits depuis longtemps.

A cet effet, et pour éviter le labour au printemps de mon terrain planté en vigne, depuis plusieurs années, je fais faire des buttes entre les ceps à l'automne, après la chute des feuilles; je fais relever environ huit à dix centimètres de terre par tout le terrain en déchaussant les ceps, et avec cette terre je fais faire des buttes en cône de 40 à 50 centimètres de haut, je le répète, entre les ceps.

Comme j'ai aussi remarqué que les vignes dont le terrain est couvert d'herbes gèlent plus que celles dont le terrain est propre, pour arriver à ce double résultat, je fais donner un ratissage fin février ou au commencement de mars, si la terre n'est pas gelée, à mon terrain butté en les relevant ou les rehaussant autant que faire se peut; ensuite je ne fais répandre ces buttes que lorsque la gelée n'est plus à craindre,

Par ce moyen je n'ai que peu d'herbe dans ma vigne, et pas de labour à faire au printemps.

Voici un autre avantage très-grand de ce mode d'opérer : les feuilles de la vigne et les herbes ramassées dans les buttes pourrissent, la gelée et les neiges désagrègent la terre ainsi soulevée avant l'hiver, et le plus souvent, en répandant ces monticules enrichis de détritus, on y trouve de l'humus en quantité ; la terre de ces buttes est douce, et pendant toute l'année on fait les ratissages dans un sol léger et facile à travailler.

Ce moyen de travailler la terre des vignobles offre aussi au propriétaire l'avantage de procurer aux vignerons de l'ouvrage à une époque où on a peu de travaux à leur donner, et de les rendre disponibles pour les opérations printanières.

J'aime à croire que ces quelques lignes détermineront l'adoption de ce mode de culture, qui déjà dans maintes localités a donné de bons résultats.

Des dépenses de la culture de la vigne

L'échalassement, dans la culture actuelle de la vigne, a toujours été une servitude énorme pour le viticulteur. Quand j'aurai dit que, pour la France seulement, cette opération exige l'avance d'un milliard en capital et de 200 millions de frais annuels, on comprendra l'immense importance du problème que j'ai cherché à résoudre et l'avenir certain qui est réservé à la culture des vignes sans échalas.

Avant d'aller plus loin, je tiens à justifier les chiffres énormes que je viens d'avancer, car leur preuve est la certitude pour moi du triomphe de mes idées.

On cultive la vigne, en France, sur une étendue de 2 millions d'hectares, dont moitié seulement est échalassée, soit 1 million d'hectares.

L'échalassement, lors de la création d'une vigne, est de 1,000 fr. par hectare, soit par conséquent 1 milliard pour 1 million d'hectares.

Les années suivantes, les frais de fichage, défichage, et l'intérêt de la première mise de fonds, toujours calculés sur 1 million d'hectares, montent annuellement à 200 millions de francs.

Ajoutez à cela que l'action de l'air fait subir au bois une dépréciation telle qu'au bout de trente ans environ tout est à recommencer.

On comprend facilement que, devant de pareilles dépenses, le monde horticole et viticole se soit ému, et que, sous les impressions que je viens de tracer, le congrès de Dijon, en 1844, se soit demandé s'il n'existerait pas un moyen de diminuer d'aussi énormes dépenses, et si, par exemple, des fiches en fer, plantées de loin en loin et reliées entre elles par des fils de fer, où seraient attachées les pousses de l'année, ne remplaceraient pas avantageusement les échalas.

Mais à peine ce mode de procéder était-il proposé

qu'il était abandonné; la dépense était encore très-grande; c'était, pour les ouvriers, un embarras continuel dans leurs travaux de culture; et puis enfin, pour mettre facilement en pratique ce mode d'échalassement, il aurait fallu que les ceps fussent toujours en ligne droite, et tout le monde sait qu'une vigne plantée régulièrement dès l'origine finit toujours par avoir ses lignes rompues et contournées, à cause des provignages, fosses et autres procédés de la culture actuelle.

Bien d'autres systèmes ont été proposés, non pour supprimer les échalas, mais pour y suppléer. Dans certaines localités, on a essayé le schiste (pierre lamelleuse); aujourd'hui on propose des échalas en terre cuite, qui resteraient continuellement en terre. Suivant l'auteur de cette proposition, il n'y aurait pas de frais de fichage ni de défichage; mais alors reviennent, comme pour les fiches et les fils de fer, les difficultés du travail pour les labours et les ratissages.

Outre tous les inconvénients que nous venons d'énumérer comme attachés à l'échalassement, il en existe encore un, et qui n'est pas le moindre: c'est le liage.

Le liage, de quelque manière qu'il puisse se faire, et quelle que soit la nature des échalas, forme toujours un tampon qui gêne la circulation de l'air et intercepte la lumière, deux agents indispensables pour la qualité du produit, la formation des yeux pour la taille de l'année suivante, et enfin la formation de la lignine ou bois.

C'est sous l'empire de tous ces inconvénients de l'échalassement qu'un auteur, M. Joigneaux, dont le nom est une autorité en agriculture, s'est écrié, dans un ouvrage publié en 1852 sur la vigne et sa culture : « Creusez-vous la tête ! Celui qui sortira le vigneron « des mains du marchand de bois sans que les « vignes en souffrent aura rendu le plus grand ser- « vice que l'on puisse rendre à l'homme. »

J'ai cherché à rendre ce service, et, plus que jamais, je crois avoir atteint mon but.

Lorsque la vigne est abandonnée à elle-même, elle pousse avec tant de vigueur, qu'elle s'épuise promptement, et finit bientôt par ne presque plus fructifier. Pour la faire produire, on arrête généralement le sarment à 1 mètre ou 1 mètre 20 centimètres. Cette pratique m'a conduit à me poser cette question : ne pourrait-on pas arrêter le sarment à 30 ou 40 centimètres de haut, soit à une feuille ou deux au-dessus de la dernière grappe ? Pour y répondre, j'ai eu recours à l'expérience : pendant plusieurs années, suivant mes inspirations, j'ai vu mes efforts couronnés de succès.

Quand j'ai été sûr de ma méthode, je l'ai mise au service des personnes qui ont eu confiance en moi, et, depuis quatorze ans, j'ai réussi à me faire des disciples sur tous les points de la France. Ce n'est donc plus une théorie que je viens exposer ici, mais bien un fait accompli et parfaitement accompli.

En rognant haut les jeunes sarments, suivant l'ancien usage, on oblige la plante à une dépense inutile de séve, puisqu'on laisse former des yeux dans le haut de la tige, au détriment des yeux de la base du jeune sarment, qui doivent donner le produit l'année suivante. S'ils sont appauvris, s'ils manquent de nourriture, qu'en résultera-t-il ? Je laisse la réponse à toute personne possédant quelques notions de végétation et de culture.

Il n'en sera pas de même des jeunes sarments arrêtés à 30 ou 40 centimètres de hauteur; ils prendront assez de force pour se soutenir et soutenir facilement leur produit, qui sera plus beau, plus abondant et plus tôt mûr que celui des vignes arrêtées.

C'est ainsi qu'en 1854, année de bien triste mémoire pour la viticulture, j'ai obtenu, par la concentration de la séve à la base des jeunes sarments, et en les tenant courts, une récolte représentant trois quarts de pleine année, tandis que partout ailleurs, en France, on n'obtenait qu'un quinzième de récolte. Même proportion pour 1855, où la récolte générale présentait à peine un huitième d'année ordinaire. Ce que j'avance sera facilement vérifié par la lecture du certificat du maire de Montreuil et du rapport de l'Académie nationale, qui se trouvent en tête de ce petit traité. Depuis, mes résultats ont continué avec le même succès, et de nouvelles commissions, ayant été nommées, les ont toujours constatés et proclamés dans des rapports favorables.

La vigne étant taillée et conduite d'après les prescriptions qui précèdent, les émissions de soufre contre l'oïdium seront plus faciles et plus efficaces, et l'ouvrier, ne rencontrant plus d'échalas et ne trouvant plus devant lui que des ceps aux rameaux flexibles, aura les mouvements plus libres, et par suite ses travaux deviendront plus faciles.

Je crois devoir, en terminant, mettre en regard, sur un espace de terrain donné, le temps que nécessite l'ancienne culture de la vigne dans la plus grande partie de la France, et le temps qui devra être consacré à cette culture d'après mon procédé.

En supposant que l'on opère sur 5 ares de terrain, il faut :

§ I. — ANCIENNE CULTURE

1° Pour porter, étendre et ficher les échalas en terre, six heures, ci................ 6 heures.

2° Pour lier la vigne à l'échalas, trente heures, ci........................ 30

3° Pour redrugeonner, rogner, attacher une seconde fois ou redresser la vigne, six heures, ci................ 6

4° Pour déficher et mettre en tas les échalas, cinq heures, ci.................... 5

En tout........... 47 heures.
ou 4 jours.

Report. . . . . . 47 heures.

§ II. — NOUVELLE CULTURE

1° Pour le premier arrêt des jeunes bourgeons, trois heures, ci. 3 heures.

2° Pour la deuxième opération ou rupture des sous-œils (dans d'autres localités : faux-bourgeons, entre-feuilles, druges), à trois ou quatre feuilles, quatre heures, ci. 4

3° Enfin, pour la dernière opération, qui consiste à couper les sous-œils, en ne leur laissant qu'une feuille ou deux au plus, cinq heures, ci. 5

En tout. . . . 12 heures. 12

D'où il suit, au profit de la nouvelle culture, une économie de temps de. . . . 35 heures sur 47, soit près de 75 p. 100 ou trois jours, sur un espace de 5 ares de terrain.

On voit quelle immense économie réalise une grande exploitation viticole.

La tâche que je m'étais imposée est terminée.

Puisse-t-elle atteindre le but que je m'étais proposé ! La plus grande récompense qu'il me soit permis d'espérer est la pensée que j'aurai pu contribuer au développement et au progrès d'une culture qui forme une des principales branches de la richesse de la France, et qui rend tributaire de mon pays le monde entier.

DU POUVOIR
DE
L'HOMME ATTENTIF
SUR LA
VÉGÉTATION
AU SUJET DE LA
BRANCHE A FRUIT PRÉPARÉE DU POIRIER ET DU POMMIER
Par la rupture du bourgeon à l'état herbacé

Par M. TROUILLET
Membre correspondant de l'Académie nationale de Paris,
Professeur d'arboriculture et de viticulture

A MONTREUIL-AUX-PÊCHES (SEINE)

Bernardin de Saint-Pierre dit, dans son troisième volume des *Harmonies de la nature* :

« Les végétaux diffèrent essentiellement des *mi-* « *néraux* par les cinq facultés de la vie, qui sont : « l'*organisation*, la *nutrition*, l'*amour*, la *génération* et « la *mort* ; ce qui constitue la puissance végétale à « une propre vie, dont le principal caractère est de « pouvoir renaître et se propager. »

Si, comme il n'y a pas à en douter, les végétaux vivent, il est certain qu'ils naissent, mangent, boivent, respirent et croissent, ce qui est leur travail, et cessent de pousser l'hiver, ce qui est leur repos : voilà ce qui constitue la vie végétale.

Celui qui voudra *traiter* les arbres fruitiers sans connaître et sans savoir développer ces phases de la vie végétative, ne fera jamais qu'un routinier, contrariant plutôt la nature que l'aidant ; et, tant que l'on ne voudra pas comprendre que l'*arboriculture* est une science et non une routine, on ne fera que marcher au hasard.

Cependant, depuis bien longtemps on écrit sur ce sujet ; mais à quoi servent les écrits, même des plus grands auteurs, si on ne les lit pas ? Malheureusement, en France, peu de cultivateurs étudient ; cependant étudier, c'est s'enrichir, et s'enrichir d'un patrimoine que nulle loi humaine ne peut nous ravir...

Malgré cette grande vérité, tous les jours on entend dire : A quoi sert de tant étudier ? Est-ce que je n'en sais pas assez pour être *jardinier*, *maçon*, *cultivateur*, *menuisier*, etc... ? Avec cet *axiome* on n'arrive jamais à rien ; on ne lit pas même les auteurs qui ont écrit sur la partie que l'on professe : témoin les jardiniers, cultivateurs d'arbres fruitiers, qui n'ont jamais lu, j'en suis certain, les *Harmonies de la nature* par Bernardin de Saint-Pierre ; car si quelques-uns d'entre eux avaient lu les lignes qui suivent, ils auraient changé depuis longtemps déjà leur manière d'opérer au sujet des arbres fruitiers. Laissons parler l'auteur lui-même :

« Une preuve que le végétal renferme dans cha-

« cune de ses fibres un végétal parfait, c'est qu'il « produit indistinctement dans toutes ses branches « un grand nombre de fleurs, qui ne paraissent être « que les parties sexuelles des fibres, parvenues suc- « cessivement à un âge adulte. Dans une plante « annuelle, les fleurs paraissent après un certain « nombre de lunaisons; mais dans un arbre, le bois « nouveau ne donne point de fleurs, et les fleurs de « son vieux bois changent de place d'une année à « l'autre. C'est encore par la même raison que, « quand l'arbre produit beaucoup de fleurs, il ne « pousse point de bois, et que, quand il pousse « beaucoup de bois, il ne produit point de fleurs.

« On en peut conclure que l'harmonie soli-lunaire, « qui produit en lui des cercles annuels, sert d'abord « à former au dedans de fibres mâles et femelles « dont les fleurs deviennent ensuite le développe- « ment. Ces fleurs ne peuvent reparaître l'année sui- « vante au même endroit, parce que les fibres qui « ont produit s'allongent par la couche annuelle et « l'accroissement du bois, et viennent se terminer à « d'autres points.

« Enfin, ces fleurs ne peuvent se montrer sur le « bois nouveau de l'année, parce qu'il n'est pas « encore adulte, *à moins qu'une opération factice, pro- « duit du génie de l'homme, ne vienne le traiter et abré- « ger le terme de la production.*

« On peut conclure de tout ceci que c'est souvent « à tort que les jardiniers taillent les pousses an- « nuelles des arbres. Il en résulte qu'ils ne portent

« ni *fleurs* ni *fruits,* parce que ce nouveau bois n'a « pas le temps d'atteindre au terme de sa fécondité. « Le plus simple est de le laisser croître; alors il « fructifiera, c'est ce que j'ai éprouvé moi-même par « ma propre expérience. J'ai eu des poiriers très-« vigoureux, âgés de plus de vingt ans, qui n'avaient « jamais fleuri, parce que le jardinier, fidèle à ses « règles, ne manquait pas de retrancher, en au-« tomne, la plus grande partie des branches qui « avaient poussé au printemps.

« Je parvins enfin une année à empêcher cette fa-« tale amputation; mes arbres se couvrirent à l'or-« dinaire de rejetons pleins de suc. Après avoir « jeté leur premier feu, ces rejetons s'arrêtèrent à « la seconde année: ils produisirent alors des bran-« ches à fruits couvertes de gros boutons qui don-« nèrent des fleurs et des fruits dans la troisième « année. »

Bernardin de Saint-Pierre n'était pas jardinier, mais il avait su prendre la nature sur le fait et, par suite, il comprenait tout ce qu'il y a de *monstrueux* dans ces coupes répétées, le plus souvent faites au hasard, sans raisonnement, que l'on nomme la taille; cette opération fait tomber en pure perte, soit en vert au moment de l'ébourgeonnage, soit en sec, une production qui a dépensé une grande quantité de séve inutilement. En agissant ainsi, et lors même que, par ces mutilations, ces plaies répétées qui entravent la marche régulière de la séve, on obtient quelques boutons à fruits, peut-on croire que l'on a *aidé la nature?* Je ne le pense pas ; on l'a contrariée, voilà tout...

Mais si, par exemple, comme l'a dit Bernardin de Saint-Pierre dans l'article que je viens de citer, on savait mettre à profit cette belle production de la nature, que de merveilles ne verrait-on pas ! ! ! Mais pour cela il faut quitter la routine et raisonner ce que l'on fait ; il faut devenir l'élève de la nature, c'est-à-dire étudier la vie et les allures de chaque végétal que l'on cultive, et surtout la marche de la séve ascendante et descendante, afin de la diriger et de l'utiliser au profit de ses sujets.

E. T.

TABLE DES MATIÈRES

OUVRAGES DU MÊME AUTEUR

Régénération de la Vigne par une nouvelle plantation, la plus conforme aux lois connues de la végétation. Brochure in-18. Prix : 75 c. ; *franco*...................... 1 fr.

Notions préliminaires d'Arboriculture à la portée de tout le monde, conseils pratiques. Brochure in-12, 20 fig. Prix : 50 c. ; *franco*.... .... 60 c.

Tableau Cep. Lithographie avec texte résumant les opérations à suivre pend. la végétat. Prix : 50 c. ; *franco*. 60 c.

Ces ouvrages seront expédiés sur demande affranchie, et contre l'envoi de leur valeur, soit en un bon de poste ou en cachets d'affranchissement à 20 centimes.

S'adresser, soit à l'auteur, soit à M. Auguste Goin, éditeur, rue des Écoles, 82, seul dépositaire, à Paris, des ouvrages de M. Trouillet.

Pour les demandes de renseignements, écrire directement à M. Trouillet. (*Affranchir*.)

Evreux, A. Hérissey, imp — 962.

www.ingramcontent.com/pod-product-compliance
Ingram Content Group UK Ltd.
Pitfield, Milton Keynes, MK11 3LW, UK
UKHW020338180726
13839UKWH00002B/786

9 782329 257174